上海大学出版社

2005年上海大学博士学位论文 35

U0358908

无线通信智能天线算法的研究

- 作 者： 孙绪宝
- 专 业： 电磁场与微波技术
- 导 师： 钟顺时

Shanghai University Doctoral
Dissertation（2005）

Study on Smart Antenna Algorithm for Wireless Communications

Candidate：Sun Xubao
Major：Electromagnetic fields and
microwave techniques
Supervisor：Zhong Shunshi

Shanghai University Press
• **Shanghai** •

上 海 大 学

　　本论文经答辩委员会全体委员审查,确认符合上海大学博士学位论文质量要求.

答辩委员会名单:

主任: 李征帆　　教授,上海交通大学电子工程系　　　200030

委员: 安同一　　教授,华东师范大学电子系　　　　　200062

　　　陈随斌　　高工,上海航天测控通信研究所　　　200434

　　　徐得名　　教授,上海大学通信与信息工程学院　200072

　　　王子华　　教授,上海大学通信与信息工程学院　200072

导师: 钟顺时　　教授,上海大学通信与信息工程学院　200072

答辩委员会对论文的评语

智能天线已成为当今无线通信领域的一大研究热点，是下一代移动通信的关键技术之一，它对提高无线通信的容量、速率和通信质量具有十分重要的意义。该论文深入研究了智能天线的自适应算法，取得了多项创新成果，主要有：

（1）在充分研究几种自适应波束形成算法的基础上，提出了一种改进的盲波束形成算法，降低了算法复杂度且抑制干扰效果好；并研究了自适应功率控制，提高了 OFDM 系统的性能；

（2）将 MMUSIC 算法推广应用于相干源的波达方向（DOA）估计，通过空间谱求平均手段提高了谱估计精度；并将神经网络应用于 DOA 估计；

（3）研究了以径向基函数（RBF）为神经元节点的神经网络方法，应用于噪声对消、盲信号分离等技术，较传统算法在运算速度和逼近性能上有所提高；

（4）用 RBF 神经网络实现智能天线波束形成，并提出采用神经网络法在线学习的波束形成方法，不但收敛快而且泛化力显著。

论文内容丰富，条理清晰，文笔流畅，图表可靠，有创新性。以上表明孙绪宝同学具有扎实宽广的基础和深入的专业知识，独立科研能力强。该论文已达到博士学位论文水平。

答辩中回答问题正确。经无记名投票，一致通过答辩，并建议授予工学博士学位。

答辩委员会表决结果

经答辩委员会表决,全票同意通过孙绪宝同学的博士学位论文答辩,建议授予工学博士学位.

答辩委员会主席：李征帆

2005 年 2 月 23 日

摘　　要

　　智能天线已成为未来无线通信关键技术之一,它结合了天线阵技术与信号空时处理,在系统设计中增加了空时处理的自由度,改善了系统性能,增加了系统容量及频谱利用率.本论文主要是对 CDMA(码分多址)、OFDM(正交频分多址)无线通信系统中智能天线的自适应算法、特别是对采用神经网络的自适应算法进行了较全面的研究与仿真,全文主要包含如下四方面工作.

　　首先,对智能天线自适应波束形成的几种非盲算法作了仿真研究,比较了它们的性能及各自的使用特点.并对 CDMA 系统中自适应盲波束形成的算法作了进一步的改进,降低了算法的复杂度,抑制干扰效果较为满意.同时,对 CDMA 系统中的自适应功率控制算法作了数值仿真,与传统的方法作了比较.对 OFDM 系统提出将空时编码与自适应功率控制技术相结合,给出了仿真结果,提高了分集增益和自适应增益.

　　其次,采用 MMUSIC 算法对宽带相干源进行了 DOA(波达方向) 估计,采用求平均值的方案以增强空间谱的估计精度.特别是,提出了用径向基神经网络进行 DOA 估计,给出了模拟结果,证明了有效性.

　　第三,采用自适应神经网络方法处理非线性噪声,获得的信号波形与源信号吻合较好.在自适应盲信号分离中,采用了观测信号预白化处理,然后调整分离网络权值,使得分离网络

1

的输出分量之间尽可能独立.获得了较为理想的源信号.

第四,利用径向基函数神经网络来实现无线通信中智能天线的波束形成,利用了信号相关阵的对称性,仅考虑相关阵中的部分元素作为网络的输入量,计算量较小,且具有收敛快且准确的优点.为了进一步地提高神经网络的泛化力,提出了基于径向基神经网络在线学习的波束形成方法,由此构架的神经网络的泛化力较为显著.

关键词 智能天线,自适应,波束形成,波达方向,功率控制,信号分离,神经网络

Abstract

The smart antenna has been the one of key techniques in future wireless communications, which combines the antenna array technology with the signal processing in space and time. The spatial processing leads to more degrees of freedom in the system, improves its overall performance, and enhance the system capacity and spectrum efficiency. In this dissertation, a comprehensive study on adaptive algorithms of smart antennas in the CDMA and OFDM wireless systems, especially, the adaptive algorithms using the neural network is presented with simulated results, which mainly includes four parts stated as follows.

Firstly, some different non-blind adaptive beamforming algorithms of smart antennas are simulated, then their performances and features are compared. For the CDMA system, a improved algorithm with relatively lower computation complexity and good restraining interfere performance is proposed. Moreover, a adaptive power control algorithm for the CDMA system is simulated and compared with a conventional method. For the OFDM system, a scheme of combining space-time code with the adaptive power control technology is proposed with simulation results, which increases the diversity gain and the adaptive gain.

Secondly, a scheme using MMUSIC (Modified Multiple Signal Classification) algorithm for the wideband coherent source DOA(Direction of Arrival) estimation is introduced, in which the calculation method of applying average means is adopted to enhance the space spectral estimation precision. Especially, a DOA estimation approach by the radial basis function neural network is suggested, and the simulation results are shown, confirming the validity of this method.

Thirdly, the separation of signal by an adaptive neural network method are described, which is suitable for the nonlinear noise dispose, resulting in good agreement between the simulated signal and the original source one. Also, an adaptive neural network blind signal separation algorithm is proposed for pre-whitening before adjusting network weights, to ensure output vectors of the network to be relatively independent, thus more satisfactory source signals are achieved.

Finally, a approach of the beamforming with the radial basis function neural network for smart antennas in the mobile communication systems is suggested. The symmetry property in the correlation matrix is exploited to reduce the dimension of the input vectors, so that only a part of the correlation matrix elements are needed. The advantages of the proposed method include reduction in computation, fast converging speed and quality of being precise. To enhance the generalization of the neural network, a new approach using online learning based radial basis function (RBF) neural network is proposed for the adaptive beamforming of an antenna array. Whose better generalization performance is proved.

Key words　smart antenna, adaptive, beamforming, direction-of-arrival, power control, signal separation, adaptive, neural network

目　录

第一章　绪论 ………………………………………………… 1
　1.1　引言 ………………………………………………… 1
　1.2　智能天线的研究状况 ……………………………… 3
　1.3　智能天线技术 ……………………………………… 5
　1.4　本文的研究内容和主要贡献 …………………… 18

第二章　自适应波束形成算法的比较研究 ……………… 20
　2.1　引言 ………………………………………………… 20
　2.2　自适应波束形成非盲算法的比较 ……………… 22
　2.3　自适应波束形成盲算法的研究 ………………… 33
　2.4　小结 ………………………………………………… 41

第三章　自适应功率控制的研究 ………………………… 42
　3.1　自适应功率控制 ………………………………… 42
　3.2　OFDM 系统的自适应发射功率控制 …………… 48
　3.3　小结 ………………………………………………… 54

第四章　基于 MUSIC 和神经网络的波达方向估计 …… 55
　4.1　引言 ………………………………………………… 55
　4.2　MUSIC 算法介绍 ………………………………… 56
　4.3　修正的 MUSIC 的仿真 ………………………… 60
　4.4　MMUSIC 算法用于宽带源相干源波达方向的估计 …… 62
　4.5　基于神经网络的 DOA 估计 …………………… 65
　4.6　小结 ………………………………………………… 68

第五章　基于神经网络的噪声消除和盲信号分离 ……………… 70

　5.1　引言 ……………………………………………………… 70

　5.2　基于神经网络的非线性噪声消除 …………………… 71

　5.3　盲信号分离原理 ……………………………………… 74

　5.4　基于神经网络的盲信号分离 ………………………… 77

　5.5　小结 ……………………………………………………… 81

第六章　基于神经网络方法波束形成的研究 …………………… 82

　6.1　引言 ……………………………………………………… 82

　6.2　基于神经网络方法的盲波束形成 …………………… 82

　6.3　在线学习的神经网络波束形成器 …………………… 86

　6.4　小结 ……………………………………………………… 90

第七章　结束语 …………………………………………………… 91

参考文献 …………………………………………………………… 92

致谢 ………………………………………………………………… 105

第一章 绪 论

1.1 引言

　　智能天线技术起源于 20 世纪 40 年代的自适应天线阵技术,在当时采用了锁相环技术进行天线的跟踪. 1965 年,Howells 提出了自适应陷波的旁瓣对消器技术用于阵列信号处理,后来,Gabriel 将自适应波束形成技术上升到"智能阵列"概念. 早在 1978 年,智能天线就在军事通信中得到了应用,进入 20 世纪 90 年代后,才在民用移动通信系统中开始研究应用,并将这种自适应天线(adaptive antenna)称之为智能天线(smart antenna),随着移动通信的发展,人们不仅从时域和频域的角度来探讨提高移动通信系统数量和质量的各种手段,而且进一步研究信号在空域的处理方法,智能天线技术就是典型的代表.

　　智能天线[1~4]是第三代移动通信系统区别于第二代的关键标志之一. 近年来,蜂窝移动通信的发展十分迅速,随着用户量的大幅度增加,通信系统出现了一些尤为突出的问题:信道容量的限制,多经衰落、远近效应、同频道干扰、越区切换、移动台电池容量的功率受限等[5],迫切需要一种能够提高系统容量和通信质量的新技术,这也正是将智能天线致力于移动通信的开发和利用的最初动机. 将自适应波束形成应用于蜂窝小区的基站,以便能更有效地增加系统容量和提高频率利用率,随着 DSP 芯片处理能力不断提高,利用数字技术在基带形成天线波束已成为可能.

　　智能天线的基本思想是:天线动态地以高增益窄波束跟踪期望用户,而使零陷指向非期望用户. 应用于第三代移动通信基站的智能天线汇聚了已有的多址（FDMA、TDMA、CDMA）方式，又将第四种多址方式——SDMA（空分多址）[6]纳入应用，从而增加了容量. 基站中智能天线的本质是采用自适应方式对空间进一步的开发利用[7]. 利用空间位置的不同来区分不同用户，即在相同的时隙、相同的频率或相同地址码的情况下，仍然可以根据信号不同的空间传播路经而区分. SDMA 这种信道增容方式，与其它多址方式完全兼容，从而可实现组合的多址方式，例如空分-码分多址（SD－CDMA）. 智能天线用于空间资源的开发是一条解决目前频谱资源匮乏的有效途径. 一般地，智能天线被定义为：具有测向和波束形成能力的天线阵列. 实际上，智能天线利用了天线阵列中各单元之间的位置关系，也就是利用了信号的相位关系，这是与传统分集技术本质上的区别. 智能天线能识别信号的入射方向（DOA — Direction of Arrival）从而实现在相同频率，时间和码组上用户的扩展.

　　智能天线与传统天线概念有本质的区别，其理论支撑是信号统计检测与估计理论，信号处理及最优控制理论. 其技术基础是自适应天线和高分辨阵列信号处理. 应用于移动通信具有以下优点：

　　（1）可以大大减小电波传播中的多经衰减[8]，由于无线通信系统的性能很大程度上取决于衰减的深度和速度，因此，降低信号在传播中的变化可以提高通信系统的性能.

　　（2）可以大大提高系统容量.

　　（3）延长移动台电池的使用寿命.

　　（4）采用智能天线较全向天线具有更大的覆盖区.

　　（5）可以放松对功率控制的要求.

　　CDMA 系统也是一个自干扰系统，它必须通过功率控制来克服远-近效应和抑制系统的干扰. 而在实际系统中，信号的实时衰落特性是未知的，信号不仅接受阴影衰落，还要经受瑞利衰落. 因此，系统必须严格进行功率控制，采用智能天线可以放松这一要求，可以降低整个通信系统的建造成本.

1.2 智能天线的研究状况

世界各国为了获得迈向 3 G 乃至 4 G 的主导地位,投入大量的精力致力于未来无线通信关键技术的开发研制工作,其中智能天线则是其中的关键技术之一.

美国的 Metawave 公司对用于 FDMA CDMA TDMA[9,10] 系统的智能天线进行了大量研究开发;ArrayComm 公司已研制了用于无线本地环路的智能天线系统;美国德州大学建立了智能天线实验环境;加拿大 McMaster 大学研究开发了 4 元阵列天线,采用恒模算法(CMA)[11].

欧洲电信委员会(ETSI—European Telecommunications Standards Institute)在其第三代移动通信系统标准中(UMTS—Universal Mobile Telecommunicaton System),明确提出智能天线是第三代移动通信系统必不可少的关键技术之一[12]. 并且制定相应的开发计划,即:TSAUAMI(Technology in Smart Antennas for Uneiversal Advanced Mobile Infrastructure).

欧洲进行了基于基站的智能天线技术初步研究,于 1995 年初开始现场实验. 实验系统验证了智能天线的功能,在两个用户四个空间信道(包括上行和下行链路)下,实验系统比特差错率. 实验评测了采用 MUSIC 算法判别用户信号方向的能力[13]. 同时,通过现场测试表明:圆环和平面天线适于室内通信环境使用,而市区环境则采用简单的直线阵更合适. 在此基础上又继续进行诸如最优波束形成算法,系统性能评估,多用户检测与自适应天线结构,时空信道特性估计及微蜂窝优化与现场实验等研究.

日本某研究所制作了基于波束空间处理方式的波束转换智能天线. 天线阵元布局为间距半波长的 16 阵元平面方阵,射频工作频率是 1.545 GHz.阵元组件接收信号在模数变换后,进行快速付氏变换

(FFT)处理,形成正交波束后,分别采用恒模(CMA)算法,或最大比值合并分集算法,提出了基于智能天线的软件无线电的概念,即用户所处环境不同,影响系统性能的主要因素也不同,可通过软件采用响应的算法.

我国也早已将研究智能天线技术列入国家 863-317 通信技术主题研究中的个人通信技术分项,许多大学都正在进行相关的研究. 我国无线通信标准组织(CWTS)提出的 TD-SCDMA 系统,已由国际电联(ITU)正式采纳,成为第三代移动通信系统(IMT2000)的一个重要组成部分,并由 3GPP 组织进一步标准化. 作为 TD-SCDMA 系统中关键技术之一的智能天线技术,能够使系统在高速运动的信道环境中达到良好的性能.

我国无线通信标准组织(CWTS)提出 TD-SCDMA[14]并使其成为全球第三代移动通信国际标准(IMT2000)之一. TD-SCDMA 系统融合了两种先进技术,它是一种在同步模式下工作的具有自CDMA 特点的先进的 TDMA 系统. 作为未来移动通信系统的 TD-SCDMA 必须能够满足各种类型的业务需求. TD-SCDM 是一种 TDD 模式技术,比起 FDD 来说更适用于上、下行不对称的业务环境,是多时隙的 TDMA 与直扩 CDMA、同步 CDMA 技术合成的新技术. 采用八阵元环自适应天线阵列,工作频率为 1 785～1 805 MHz;采用 TDD 双工方式,充分利用了 TDD 上、下行链路在同一频率上工作的优势,收发隔 10 ms. 接收机灵敏度最大可提高 9 dB,这样可大大增加系统容量,降低发射功率,更好地克服无线传播中遇到的多径衰落问题. 另外,在 TD-SCDMA 中还采用联合检测,软件无线电,接力切换等技术.

作为 TD-SCDMA 的关键技术之一的智能天线技术能够提高系统的容量,扩大小区的最大覆盖范围,减小移动台的发射功率,提高信号的质量并增大了数据传输速率.

为了取得最高的频谱效率,集智能导向和联合检测于一身的智能天线正向由数字信号处理(DSP)控制的系统迈进. 这为移动通信系统软件的最优化设计奠定了基础. TD‑SCDMA 的智能天线可应用于所有的 3 G 业务.

TD‑SCDMA 的优势是用户信号的发送和接收都发生在完全相同的频率上. 智能天线呈现完全相同的双向天线图,因此在两个方向中的传输条件是相同的或者说是对称的. 这使得智能天线能将小区的干扰降至最低,从而获得最佳的系统性能.

智能天线获得的较高频谱利用率,可减少业务量大的城市所要求的基站的数量[15]. 此外,在业务量稀少的乡村,智能天线可使无线覆盖范围增加一倍,所需要的基站数量降至通常情况的 1/4. 因此,TD‑SCDMA 中智能天线的应用可降低运营商的投资,提高其经济收益. 带有智能天线的 TD‑SCDMA 技术是迈向软件无线电的重要一步.

1.3 智能天线技术

1.3.1 智能天线模型

智能天线由一列低增益天线元(element)组成,一般来说,构成阵列的阵元可按任意方式排列;但通常这些相似的低增益阵元是按直线等距(Linear Equally Spaced,LES)、圆周等距或平面等距排列的,并且取向相同. 为了简化天线阵列的分析,我们作如下假设:

1. 阵元间距较小,不同阵元接收到的信号幅值相同.

2. 忽略阵元间互耦.

3. 所有入射场都可分解为一系列离散的平面波,即信号数目有限.

4. 入射到阵列上的信号带宽远小于载频.

图 1.3.1 给出了一个 M 元的 LES 天线阵列,沿 x 轴排列,阵元间距为 d. 阵列的每条支路具有一个权因子(Weighting Element)w_m,权因子 w_m 具有幅值和相位.

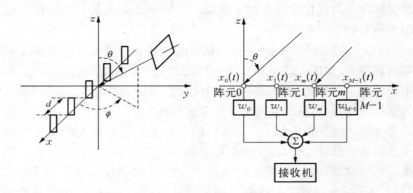

图 1.3.1　M 元直线等距天线阵列

考察一个入射到阵列上的平面波,我们用基带复包络 $s(t)$ 表示平面调制波. 假设所有阵元都是无噪声的各向同性天线,在各个方向具有相同的增益. 则 LES 阵元 m 上接收到的信号为

$$\boldsymbol{x}_m(t) = \boldsymbol{s}(t)\,\mathrm{e}^{j\beta md\sin\theta\cos\phi} \qquad (1.3-1)$$

式中 $\beta = 2\pi/\lambda$ 是相位传播因子(Phase Propagation Factor). λ 表示波长,等于 c/f,其中 c 是光速,f 是载波频率. 阵列输出端的信号 $y(t)$ 为

$$y(t) = \sum_{m=0}^{M-1} w_m \boldsymbol{x}_m(t) = \boldsymbol{s}(t) \sum_{m=0}^{M-1} w_m \mathrm{e}^{j\beta md\sin\theta\cos\phi} = \boldsymbol{s}(t) f(\theta,\,\phi)$$

$$(1.3-2)$$

$f(\theta,\,\phi)$ 称为阵列因子(array factor). 阵列因子是波达方向(θ, ϕ)的函数,决定了阵列输出端的信号 $y(t)$ 与参考阵元处测得的信号 $s(t)$ 的比值. 通过调整权集 $\{w_m\}$,可以将阵列因子的最大主瓣对准任意方向(θ_0, ϕ_0). 在阵列输出端接收到的功率为

$$P_r = \frac{1}{2}\,|\,y(t)\,|^2 = \frac{1}{2}\,|\,\boldsymbol{s}(t)\,|^2\,|\,f(\theta,\,\phi)\,|^2 \qquad (1.3-3)$$

为说明权集 $\{w_m\}$ 能改变天线阵列的方向图,令第 m 个权因子为

$$w_m = \mathrm{e}^{-j\beta md\sin\theta_0} \qquad (1.3-4)$$

于是阵列因子为[16]

$$
\begin{aligned}
f(\theta, \phi) &= \sum_{m=0}^{M-1} \mathrm{e}^{j\beta md(\sin\theta\cos\phi-\sin\theta_0)} \\
&= \frac{\sin\left[\dfrac{M\beta d}{2}(\sin\theta\cos\phi-\sin\theta_0)\right]}{\sin\left[\dfrac{\beta d}{2}(\sin\theta\cos\phi-\sin\theta_0)\right]} \cdot \mathrm{e}^{j\frac{(M-1)\beta d}{2}(\sin\theta\cos\phi-\sin\theta_0)}
\end{aligned}
$$

$$(1.3-5)$$

考察 x-z 平面波入射到图 1.3.2 所示阵列上的情况(即 $\phi=0°$).图 1.3.2 给出了 θ_0 为 0°和 30°时的阵列因子.只调整 θ_0 这一个参量,就可以把波束指向水平面任何希望的方向.

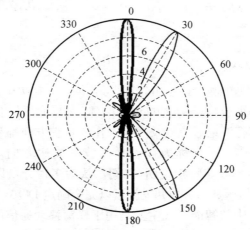

图 1.3.2 θ_0 为 0°和 30°时的阵列方向图

用向量形式表示天线阵输出比较方便.定义权向量为

$$w = [w_0 \cdots w_{M-1}]^H \qquad (1.3-6)$$

其中上标 H 表示赫密特转置(Hermitian transpose),就是取共轭后再转置(transposition).

各个天线阵元的信号合成一个数据向量(data vector)

$$\boldsymbol{x} = \begin{bmatrix} x_0(t) & \cdots & x_{M-1}(t) \end{bmatrix}^{\mathrm{H}} \qquad (1.3-7)$$

阵列输出 $y(t)$ 可以表示成阵列权向量 $\boldsymbol{w}$ 和数据向量 $\boldsymbol{x}(t)$ 的内积

$$y(t) = \boldsymbol{w}^{\mathrm{H}} \boldsymbol{x}(t) \qquad (1.3-8)$$

(θ, ϕ) 方向的阵列因子为

$$f(\theta, \phi) = \boldsymbol{w}^{\mathrm{H}} \boldsymbol{a}(\theta, \phi) \qquad (1.3-9)$$

向量 $\boldsymbol{a}(\theta, \phi)$ 称为 (θ, ϕ) 方向的导引向量(steering vector). 如图 1.3.1 所示,当平面波从 (θ, ϕ) 方向入射时,导引向量 $\boldsymbol{a}(\theta, \phi)$ 表示各个阵元信号与参考阵元 (阵元 0) 信号间的相位差.

$$\boldsymbol{a}(\theta, \phi) = \begin{bmatrix} 1 & a_1(\theta, \phi) & \cdots & a_{M-1}(\theta, \phi) \end{bmatrix}^{\mathrm{T}} \qquad (1.3-10)$$

其中

$$a_m(\theta, \phi) = e^{j\beta(x_m \sin(\theta)\cos(\phi) + y_m \sin(\theta)\sin(\phi) + z_m \cos(\theta))} \qquad (1.3-11)$$

无论这些向量是由测量还是由计算得到,包含所有 θ 和 ϕ 值的一组导引向量称为阵列流形(array manifold),阵列流形不仅有助于阵列分析,在定向、下行波束形成以及阵列操作的其它方面都起着十分重要的作用. (θ, ϕ) 这对角称为接收平面波的波达方向(Direction Of Arrival,DOA). 除非特别说明,我们都认为多径分量以水平面方向 $\phi = 0°$ 到达基站,因此由方位角 θ 就可以完全确定 DOA.

无线通信中的智能天线主要是用于蜂窝移动通信的基站或移动用户端[17],所经历的上下链路是多径散射的时变的无线信道,无线信道中的多径可以导致信道衰落和时间扩散[18]. 通常用一个离散的模型来表征信道,把每个多径分量看作一个从离散方向经过离散时间延迟到达的平面波. 用户手机和基站接收机间的信道的向量信道冲

击响应(Vector Channel Impulse Response，VCIR)[19]

$$h(\tau, t) = \sum_{i=0}^{L-1} a(\theta_i, \phi_i)\alpha_i(t)\delta(\tau - \tau_i) \qquad (1.3-12)$$

其中，α_i，τ_i 和 (θ_i, ϕ_i) 分别是第 i 个多径分量的复幅值、路径延迟和波达方向。总共有 L 个多径分量。第 i 个分量的复幅值是时间的函数，可以表示为

$$\alpha_i(t) = \rho_i e^{j(2\pi f_i t + \psi_i)} \qquad (1.3-13)$$

其中 ρ_i 代表第 i 个分量的路径增益，f_i 是由手机或周围散射体的运动导致的多普勒频移，ψ_i 为固定相位偏置。VCIR 中的所有变量一般都随时间、用户位置和用户移动速度而变化。当用户在不超过几个波长的局部小范围内移动时，可以认为分量数 L 恒定，对每个分量而言，波达方向 (θ_i, ϕ_i)、路径增益 ρ_i、多普勒频移 f_i、相位偏置 ψ_i 和延迟 τ_i 都假设近似为常数。

首先，考察一个上行链路情况，来自用户发射机的一个平面波入射到阵列上，如图 1.3.1 所示，数据向量等于

$$x(t) = s(t)a(\theta, \phi) + n(t) \qquad (1.3-14)$$

向量 $n(t)$ 包含噪声对各个阵元的贡献，$n(t)$ 的每个元素是方差为 σ_n^2 的复高斯随机变量。

为了简单起见，我们令

$$w = a(\theta, \phi) \qquad (1.3-15)$$

则天线合并器的输出为

$$\begin{aligned} y(t) &= w^H x(t) \\ &= s(t)a^H(\theta, \phi)a(\theta, \phi) + a^H(\theta, \phi)n(t) \\ &= Ms(t) + a^H(\theta, \phi)n(t) \end{aligned} \qquad (1.3-16)$$

$y(t)$ 中期望信号分量的功率为

$$P_y = M^2 E\big[\,|\,s(t)\,|^2\,\big] \tag{1.3-17}$$

$y(t)$ 中噪声分量的功率为

$$
\begin{aligned}
N_y &= E\big[\boldsymbol{a}^{\mathrm{H}}(\theta,\ \phi)\boldsymbol{n}(t)\boldsymbol{n}^{\mathrm{H}}(t)\boldsymbol{a}(\theta,\ \phi)\big] \\
&= \boldsymbol{a}^{\mathrm{H}}(\theta,\ \phi)E\big[\boldsymbol{n}(t)\boldsymbol{n}^{\mathrm{H}}(t)\big]\boldsymbol{a}(\theta,\ \phi) \\
&= \boldsymbol{a}^{\mathrm{H}}(\theta,\ \phi)\sigma_n^2 \boldsymbol{Ia}(\theta,\ \phi) \\
&= \sigma_n^2 \boldsymbol{a}^{\mathrm{H}}(\theta,\ \phi)\boldsymbol{a}(\theta,\ \phi) \\
&= M\sigma_n^2
\end{aligned}
\tag{1.3-18}
$$

因此，$y(t)$ 的信噪比为

$$\gamma_y = M\frac{E\big[\,|\,s(t)\,|^2\,\big]}{\sigma_n^2} \tag{1.3-19}$$

如果不使用 M 阵元的阵列，只使用单个阵元上的信号 $x(t)$，我们有

$$x(t) = s(t) + n(t) \tag{1.3-20}$$

$x(t)$ 的信噪比为

$$\gamma_x = \frac{E\big[\,|\,s(t)\,|^2\,\big]}{\sigma_n^2} \tag{1.3-21}$$

比较式(1.3-19)和(1.3-21)式，可以看出，M 元阵列将 SNR 提高了

$$G = 10\ \log(M)\ \mathrm{dB} \tag{1.3-22}$$

这是在无干扰或多径的加性高斯白噪声（AWGN）环境下的结果，使用阵列比使用单个阵元提高了信噪比.

　　智能天线所涉及的内容已超出了天线本身，它应理解为天线技术与数字信号处理有机结合的产物，当天线接收到信号后，往往先进行信号自相关处理，也即捕获相关信号的功率信息. 功率处理方法已是智能天线算法的重要组成部分，一般情况下，上行链路基站接收到的移动台功率计算方法为[20]

$$P_r = P_t + G_s + G_b - PL \qquad (1.3-23)$$

其中 P_r 是基站接收到的功率,P_t 是用户的发射功率,G_s 是用户端的天线增益,G_b 是基站的天线增益. PL 是路径损耗.

1.3.2 智能天线在 CDMA 系统的应用

CDMA 蜂窝移动通信系统与 FDMA 模拟蜂窝通信或 TDMA 数字蜂窝移动通信系统相比具有更大的系统容量、更高的话音质量以及抗干扰、保密等优点,因而得到各个国家的普遍重视和关注. 相对于 FDMA 和 TDMA,CDMA 具有如下一系列的优点[21]:

(1) 通信容量大:CDMA 是自干扰受限系统,任何干扰的减少都可以直接转化为系统容量的提高. 因此一些能降低干扰功率的技术,如话音激活技术、扇区划分技术、功率控制技术等,都有可能使系统容量得到提高. 一般说来,在同样的条件下,采用 CDMA 方式的系统容量约是采用数字 TDMA 方式 GSM 系统容量的 4~6 倍,是模拟系统容量的 20 倍[22].

(2) 具有软容量特性:软容量特性是 CDMA 比 TDMA 灵活的又一个方面. 在 TDMA 系统中可以同时接入的用户数是固定的,因而在时隙用完的情况下不能再接入任何一个用户. 而在 CDMA 系统中,多增加一个用户只会使通信质量略有下降,而不会出现通信硬阻塞的情况,这就是 CDMA 系统的软容量特性. CDMA 还可以通过小区覆盖范围的动态调整,平衡各个小区的业务量,对于解决通信高峰期的通信阻塞和提高用户越区切换的成功率是非常有益的.

(3) 抗干扰性强:由于 CDMA 系统采用扩频技术,信道中的干扰在接收端通过解扩,获得了扩频处理增益 G,这样一来,接收端的输出信干比是输入端信干比的 G 倍,亦即干扰被降低至 $1/G$. 同时,扩频后功率谱密度降低了 G 倍,对其他窄带通信系统的干扰也减小了 G 倍. 由于低的功率谱密度,所以信号有一定的隐蔽性.

(4) 更适合在衰落信道中传输:移动通信的信道在一般情况下是一个时变多径衰落的信道,而在 CDMA 系统中,由于采用了宽带传输,因而具备了特有的频率分集特性,如果系统采用最大合并比分集接收方式,那么在处于白高斯噪声信道干扰的情况下可以获得最佳的抗多径衰落的效果[23]. 相比之下,TDMA 系统为了克服多径造成的码间干扰就需采用均衡器,进而增加了系统的复杂度,也影响了越区切换的平滑性.

(5) 具有平滑的软切换特性:在 CDMA 系统中,所有的小区(或扇区)都可以使用相同的频率,这不仅简化了频率规划,也使越区切换得以平滑实现. 当移动台处于小区边缘时,会同时得到两个或两个以上的基站向该移动台发送的相同信号,而且移动台能够同时接收和合并这些信号. 在某一基站的信号强于当前基站信号并处于稳定状态时,移动台才切换到那个基站的控制上去,这一过程不需要移动台收发频率的切换,只需在码序列上做相应的调整,切换即可在通信过程中平滑地完成.

(6) CDMA 系统必须采用功率控制技术:CDMA 系统在下行链路采用功率控制,使基站按所需的最小功率进行发射,减少对其他小区的同频干扰. 其上行链路的功率控制保证所有移动用户到达基站的信号功率相等,避免产生远近效应.

(7) 有良好的通信安全性:CDMA 系统通过采用扩频技术,将发射的信号频谱扩展得很宽,从而使发射的信号完全隐蔽在噪声和干扰之中,而不易被发现和接收. 另外,各移动台所使用的地址码也各不相同,在接收端只有码型和相位完全相同的用户才能接收到相应的发送信号,而对其他非相关的用户来说这些信号只不过是一种背景噪声. 所以 CDMA 系统具有良好的通信安全性,可以有效地防止被有意或无意地窃取. 同时也是由于扩展频谱的原因,使移动台的发射功率大大降低,对于延长移动台电池使用的时间和减小电磁辐射都有很好的作用.

关于 CDMA 系统中智能天线的研究已有大量的文献报道[24~28],有些是将智能天线与 Rake 接收机相结合,具有一定的现实意义. 由于 CDMA 系统中不同用户有不同的 PN 码,在一定的通信区域内是唯一的,且发射端和接收端预知,智能天线技术与 Rake 接收机、分集技术相结合[29],实现最佳波束形成.用户的地址码使信号容易分离的特点,使其在 CDMA 中易于实现 SDMA. 在多径传播和高斯白噪声下,CDMA 系统最佳接收器是 Rake 接收器、智能天线技术与 Rake 接收器相结合,形成了性能更优的时域和空域信息联合相关接收机,利用多径到达基站的时刻不同和到达角度不同,构成了空时匹配滤波器,如图 1.3.3 所示,信号先通过空域滤波器,再进行 Rake 合并,可以进一步增加信号的处理增益. 为了进一步地发挥智能天线的利用效率,一般采用空时二维 Rake 结构,图 1.3.4 给出了 $M \times K$ 维(M 是天线阵元数目)空时二维滤波器,它先形成各用户扩频信号的估计值,然后分别用对应不同用户的扩展码对这些估计值进行解扩,得到

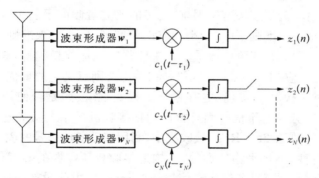

图 1.3.3　空时级联方框图

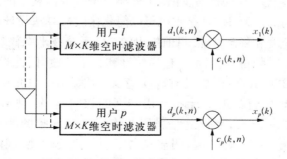

图 1.3.4　空时二维滤波器的 2D－Rake

各用户信息序列的估计值. 大量智能天线算法和各种接收机结构的研究表明, 两者的有机结合构成的空时二维信号处理中的 2D - Rake 接收机, 可以有效地抑制多用户干扰, 降低多址干扰, 显著地提高接收机的性能. 可以同时获得空域和时域处理的优点, 进一步提高接收机的性能. 文献[30]借助了天线阵列解相关技术的 2D - Rake 接收机, 通过对接收信号的相关矩阵进行子空间分解和解相关运算, 使用波束置零条件, 在干扰方向形成天线阵列方向图的"零陷", 从而消除干扰, 提高接收机的输出信干噪比. 这类方法充分利用阵列天线空域滤波增益, 获得优异的接收机性能. 由于移动信道复杂多变, CDMA 系统扩频序列的相关特性不理想, 在多用户、多径传播条件下, 各用户的信号空间相互交叠, 由这类方法设计的 2D - Rake 接收机往往难以有效工作. 为了解决这一困难, 更多的研究者倾向于利用自适应滤波理论, 在一定准则下(如最小均方误差准则, 最小二乘准则, 最大信噪比准则等)通过代价函数最小化来获得空域加权最优解. 这种方法设计的自适应 2D - Rake 接收机是在特定准则意义上的最优接收机, 并且通过迭代算法实现, 更有利于工程实现. 按照是否使用导频符号, 又可以分为基于信号固有特征的盲接收机[31]和导频符号辅助的接收机[32]. 在盲 2D - Rake 接收机中, 利用移动通信信号的固有特征, 如恒模特性、循环平稳特性等, 来构造接收机所需要的参考信号. 一般而言, 信号固有特征仅包含信号的部分信息, 由此设计的接收机计算量大, 收敛较慢, 且容易发散. 在有导频符号可以利用的情况下, 导频符号辅助的 2D - Rake 接收机可以简化接收机算法设计, 提高接收机的收敛速度和稳态性能. 目前提出的 3 G 系统技术中普遍在上行链路中加入了导频符号, 以便于信道估计和相干接收, 因此设计导频符号辅助的 2D - Rake 机更具有现实意义, 文献[32]中介绍了如何利用上行导频信道辅助来计算天线阵列的权向量. 针对 WCDMA 系统采用复扩频方式, 上行链路采用非连续时分导频的特点, 空域与时域处理结构结合在一起, 明显提高了接收机的性能. 同时, 充分利用系统提供的导频信息, 降低自适应算法的复杂度. 文献[33]根据最大信号噪声干扰比准则推导出计算权矢量解,形成二维 Rake 合并器.直接求 Hermit 阵的最大广义特征值和特征向量,且使用解扩后数据计算干扰加噪声的协方差阵.该法计算量小,数据存储量小,不需要训练序列和参考信号,性能优于导频辅助法,计算量小于码滤波法.

CDMA 系统中,小区平均用户数远远大于阵元数,天线阵已不能完全对消干扰信号,最优波束形成方法难以得到,因此出现不少基于次优的算法,如 Naguib 在文献[34]中给出了一种基于信号结构的自适应波束形成算法,且不需要训练序列,这种算法需要通过求广义特征向量来估计阵列的响应向量,然后求最优权向量,其中涉及矩阵求逆运算,算法的复杂度较高,且最优权向量又受阵列响应向量估计精度的影响.文献[35]给出了一种小扩频增益下提高阵列响应估计精度的波束形成算法,利用基站收到的码元序列与解扩后的接收序列,估计信号阵列响应及干扰和噪声相关矩阵,减少了阵列响应估计对扩频增益和功率控制的敏感性,这种算法要用到训练序列,并且存在计算复杂度高的问题.

对于频分双工(FTT)系统,由于上行与下行链路有一定的频率间隔,信号受频率选择性衰落影响各不相同,根据上行链路计算得到的权值不能直接应用于下行链路,波束形成变得更为复杂,因此相关的文献报道较少.如果上下行频率相差不大,下行链路的波束形成也可近似由上行链路信道的特征来估计[36~38],随着研究的不断深入,应用于 FTT 系统的各种算法及解决方案应运而生,如采用 DOA 检测[39]及波束综合方法及在上行采用部分自适应算法[40],而在下行采用固定波长形式等已能较好地解决这个问题.

1.3.3　基于神经网络的智能天线研究

神经网络作为一种计算结构,具有大规模并行处理机制、很强的容错能力,具有快速反应能力,卓越的自组织及自学习能力,善于在复杂的环境下,充分逼近任意非线性系统,快速获得满足多种约束条

件问题的最优化答案,具有高度的鲁棒性和容错能力等优越的性能,
因此在通信中取得了广泛应用[41]. 在智能天线应用方面,文献[42]首
先提出了将神经网络应用于相控阵中,输入向量为采样样本,对波达
方向(DOA)估计及波束形成进行了分析研究,用 LMS 算法进行训
练,主要是侧重于雷达方面的应用,训练速度慢,且比较适合单个信
号源的情况. 文献[43]提出将基于神经网络方法的智能天线应用于
无线通信系统中,利用了信号周期平稳性性质,建立了双层线性互相
关神经网络模型,神经元都是线性函数,获得了盲波束形成. 其网络
结构如图 1.3.5 所示. 该方案的提出,迈向了神经网络智能天线应用
于移动无线通信的第一步. 采用了 Hebbian 学习规则,获得了两个信
号波达方向图(如:30°;-30°)波束形成模式,如图 1.3.6 所示. 文献
[44]给出了基于线性神经网络的 DOA 估计及跟踪,采用子空间主成
分分析方法搜取信号方向信息,Newton 迭代算法进行训练学习,但该
方案当信号数目大于天线阵元数时性能严重降阶. 在目标跟踪方面,
文献[45,46]也采用了神经网络的方法对多目标跟踪方面进行了进
一步的研究. 为满足卫星通信的要求,文献[47]用径向基神经网络研
究了多波束天线的自适应调零.

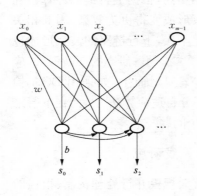

图 1.3.5　周期平稳性神经网络

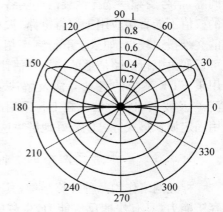

图 1.3.6　两个信号时的波束形成

常用的 Hopfieild[48]神经网络模型是一种循环神经网络,从输出到输入有反馈连接,具体结构如图 1.3.7 所示,其中 $\boldsymbol{b}=[b_1,\ b_2,\ \cdots,\ b_n]$ 为电流矢量,$\boldsymbol{D}=[D_{mn}]$ 为电导矩阵,输出矢量 $\boldsymbol{v}=[v_1,\ v_2,\ \cdots,\ v_n]$. 反馈神经网络由输出端反馈到其输入端,网络在输入的激励下,会产生不断的状态变化. 有输入之后,可以求取出 Hopfieild 的输出,这个输出反馈到输入产生新的输出,这个反馈过程一直进行下去. 如果 Hopfieild 网络是一个能收敛的稳定网络,则这个反馈与迭代的计算过程所产生的变化越来越小,一旦到达了稳定平衡状态,就会输出一个稳定的恒值,这个恒值就是所求优化问题的解. 文献[49,50] 提出了一种基于 Hopfieild 网络实现盲波束形成方法,利用了人工神经网络(ANN)的网状计算结构,避免了矩阵的求逆运算,提高了处理速度.

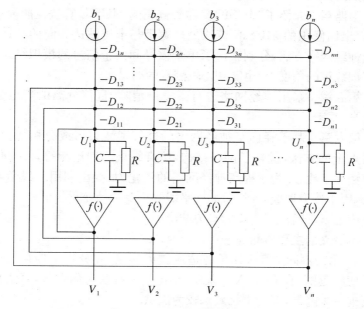

图 1.3.7　Hopfield 网络结构

1.4　本文的研究内容和主要贡献

本文的研究内容包括：

第一章　概述了智能天线的发展状况和技术原理,介绍本文的研究内容.

第二章　比较了常用的几种自适应波束形成的非盲算法,给出了一种适用于 CDMA 的波束形成方法,并进行了计算机模拟,获得了预期的性能.

第三章　将自适应算法应用于基站与移动用户之间的功率控制,在 CDMA 系统中,给出了发射总功率与用户数的关系模拟结果.在 OFDM 系统中,采用空时码与自适应技术相结合,分析了不同接收天线数的分集增益和自适应增益.

第四章　介绍了 MUSIC 算法和修正的 MUSIC 算法性能模拟结果,提出用修正的 MUSIC 算法处理宽带相干源波达方向的估计.最后用神经网络方法,分别获得了单个信号和两个信号的模拟结果,在没有训练过的角度上,也能获得较满意的结果.

第五章　采用神经网络进行了噪声消除、盲信分离的理论分析及仿真.

第六章　基于径向基神经网络的进行了波束形成分析,提出少量输入量的方法,优化了网络结构,仿真结果与理论相符,并与传统的算法作了比较.为了提高神经网络的泛化力,提出利用在线学习的方法,用于波束形成,训练后的网络能够跟踪运动变化的信号.

第七章　给出了本文的有关结论.

本论文的主要贡献在于：

1. 采用不同的算法用于自适应波束形成,并分析了各自的优缺点及使用范围.在 CDMA 系统中,提出了一种改进的算法,算法的复杂度进一步降低,抑制干扰效果较为满意.

2. 给出了基站与用户之间的自适应功率控制算法的仿真结果,

并与传统的方法作了比较. 在 OFDM 系统中,提出将空时编码与自适应技术相结合,获得了不同接收天线数的分集增益和自适应增益.

3. 用 MMUSIC 算法对宽带相干源的 DOA 估计,提出用求平均值的方案,以增强空间谱的估计精度. 最后提出用径向基神经网络进行 DOA 估计.

4. 在盲信号分离中,采用观测信号预白化处理,然后调整分离网络权值,使得分离网络的输出分量之间尽可能独立,获得的神经网络具有较强的非线性逼近能力.

5. 利用径向基函数神经网络来实现无线通信中智能天线的波束形成. 其中并利用了信号相关阵的对称性质,仅考虑相关阵中的部分元素作为网络的输入量,计算量较小. 进一步提高了运算速度,具有收敛快且准确的优点.

6. 为了进一步地提高神经网络的泛化力,提出采用在线学习的径向基神经网络法实现波束形成,隐层的结点数能够在线地增加和减少,且网络中心及宽度能够自适应地修正,由此构架的神经网络的泛化力明显优于基于传统的 K -均值方法的径向基神经网络.

第二章 自适应波束形成算法的比较研究

2.1 引言

  自适应算法是智能天线的核心,目前已有许多算法,归纳起来主要分为盲算法和非盲算法.智能天线依据采用的优化准则自适应地调整加权矢量,以捕获新的信号,跟踪在小区内移动的用户及环境中变化的信号.自适应算法中,大多数采取迭代形式,利用当前及过去的信息,循环更新权矢量达到最优解或次优解.算法的优劣将直接影响系统的工作指标,常用的算法如图 2.1.1 所示.为了说明天线阵加权的作用,首先用一简单的例子加以说明.

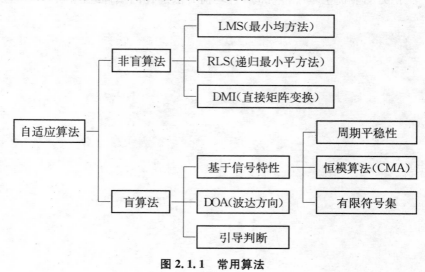

图 2.1.1 常用算法

采用图 1.3.1 所示, $M=2$ 的情况, 假设有一个期望信号和一个干扰信号, 方向 θ 分别为 0°和 30°, 到达天线的相对延迟为:

$$\tau = \frac{d\sin\theta}{v} \qquad (2.1-1)$$

则对应的相位延迟为:

$$\phi = \frac{2\pi d}{\lambda}\sin\theta \qquad (2.1-2)$$

阵元间隔取 $d=\lambda/2$, 则上述期望信号 $s(t)$ 和干扰信号 $I(t)$ 到达两个阵元的相对相位延迟分别为 0 和 $\pi/2$.

我们采用复数权 $w_1 = w_{1,1} + jw_{1,2}$ 和 $w_2 = w_{2,1} + jw_{2,2}$ 分别表示两阵元上的加权. 则智能天线输出期望信号为:

$$s(t)\{[w_{1,1} + w_{2,1}] + j[w_{2,1} + w_{2,2}]\} \qquad (2.1-3)$$

输出的干扰信号为:

$$I(t)\exp(j\pi/4)[w_{1,1} + jw_{1,2}] + I(t)\exp(-j\pi/4)[w_{2,1} + jw_{2,2}] \qquad (2.1-4)$$

$$
\begin{aligned}
w_{1,1} + w_{2,1} &= 1 \\
w_{1,2} + w_{2,2} &= 0 \\
w_{1,1} - w_{1,2} + w_{2,1} + w_{2,2} &= 0 \\
w_{1,1} + w_{1,2} - w_{2,1} + w_{2,2} &= 0
\end{aligned}
\qquad (2.1-5)
$$

以上四式联立求解得:

$$w_{1,1} = 0.5; \quad w_{1,2} = 0.5;$$

$$w_{2,1} = 0.5; \quad w_{2,2} = -0.5$$

获得如图 2.1.2 所示直角坐标系的方向图. 由方向图可以看出, 在期望信号方向上没有衰减, 而在干扰信号方向上有近 50 dB 的抑制! 有效地将期望信号与干扰信号分离.

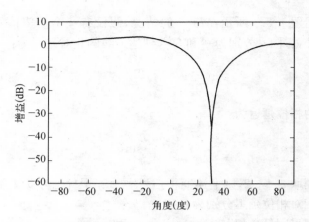

图 2.1.2　两直线阵元天线方向图

　　本章首先采用不同的算法用于智能天线设计,获得与其对应的仿真结果,并分析了各自的优缺点及使用范围. 其次,在 CDMA 系统中,提出一种改进的算法,算法的复杂度进一步降低,抑制干扰效果较为理想.

2.2　自适应波束形成非盲算法的比较

2.2.1　LMS 算法

　　在 CDMA,OFDM 系统中常采用 PN 码或导频信号作为参考信号,基于参考信号的算法,最有代表性的是 LMS（最小均方）算法[51,52],该算法在抗多径干扰方面取得较好的应用. 算法以最小均方误差为准则,由最陡梯度法导出:

　　1. 算法公式

　　假设参考信号为 $d(n)$,数字波束形成的权向量为 w,则系统输出的信号为

$$y(n) = w^T x_N(n) \qquad (2.2-1)$$

误差为:

$$e(n) = d(n) - \boldsymbol{w}^\mathrm{T} \boldsymbol{x}_N(n) = d(n) - \boldsymbol{x}_N^\mathrm{T}(n)\boldsymbol{w} \qquad (2.2-2)$$

根据 MMSE 准则,求均方差最小,则:

$$E[e^2(n)] = E[d^2(n)] - 2\boldsymbol{w}^\mathrm{T}\boldsymbol{R}_{xd} + \boldsymbol{w}^\mathrm{T}\boldsymbol{R}_{xx}\boldsymbol{w} \qquad (2.2-3)$$

$\boldsymbol{R}_{xd}$ 为有用信号和参考信号的互相关,$\boldsymbol{R}_{xx}$ 为有用信号的自相关矩阵.
将上式对 $\boldsymbol{w}$ 求梯度且令其为零可得:$\boldsymbol{w}_{opt} = \boldsymbol{R}_{xx}^{-1}\boldsymbol{R}_{xd}$.
当已知参考波形信号 $d(n)$ 时,可获得最佳权值,实现方法如下:

$$\boldsymbol{w}_N(n+1) = \boldsymbol{w}_N(n) + \mu \nabla_w[e^2(n)]$$

$$\nabla_w[e^2(n)] = \frac{\partial E[e^2(n)]}{\partial W} = E\left[\frac{\partial e^2(n)}{\partial W}\right] = E\left[2e(n)\frac{\partial e(n)}{\partial W}\right]$$

$$(2.2-4)$$

$$\frac{\partial e(n)}{\partial W}\Big|_{w=w_{opt}} = -\boldsymbol{x}_N(n) \qquad (2.2-5)$$

因此

$$\nabla_w[e^2(n)] = -2E[e(n)\boldsymbol{x}_N(n)] \qquad (2.2-6)$$

$$\boldsymbol{w}_N(n+1) = \boldsymbol{w}_N(n) + \mu E[e(n)\boldsymbol{x}_N(n)] \qquad (2.2-7)$$

其中 μ 为常数,它决定了步速度.为了减小系统的复杂度及计算量,将
$E[e(n)\boldsymbol{x}_N(n)]$ 近似为瞬时期望值,即:

$$E[e(n)\boldsymbol{x}_N(n)] = e(n)\boldsymbol{x}_N(n) \qquad (2.2-8)$$

则权值迭代式为:

$$\boldsymbol{w}_N(n+1) = \boldsymbol{w}_N(n) + \mu e(n)\boldsymbol{x}(n) \qquad (2.2-9)$$

此式为求 $\boldsymbol{w} = \boldsymbol{w}_{opt}$ 的方法,也即 LMS 算法.

2. 仿真结果

采用五元等间距的直线天线阵,间距为载波波长的二分之一,期望信号的方向为 0,信噪比为 10 dB,噪声为零均值的高斯白噪声.四个干扰信号的入射角分别为:$-20°$,$-60°$,$30°$,$60°$,信噪比均为

10 dB,我们采用上述 LMS 算法形成的自适应波束,如图 2.2.1 和图
2.2.2所示,给出了两种坐标系的方向图,可见,在期望信号方向上产
生最大增益,同时在四个干扰方向上产生零陷,最大干扰抑制达到近
49 dB. 同时研究了收敛因子 μ 对收敛特性的影响,如图 2.2.3、图
2.2.4 和图 2.2.5 所示,可以看出,系统随着 μ 的增大收敛速度加快,
但稳定性变差,当 $\mu=0.02$ 时,系统处于不稳定状态.

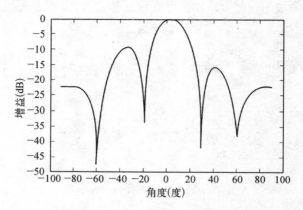

图 2.2.1 阵方向图(直角坐标系)

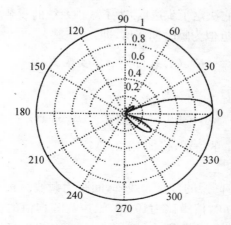

图 2.2.2 阵方向图(极坐标系)

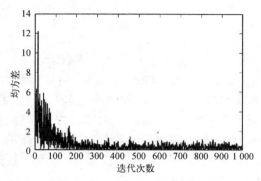

图 2.2.3　均方差($\mu=0.001\,3$)

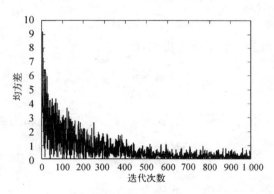

图 2.2.4　均方差($\mu=0.002$)

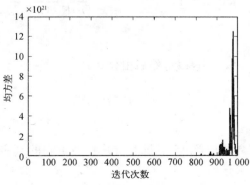

图 2.2.5　均方差($\mu=0.02$)

2.2.2 SMI 算法

LMS算法是闭环的,相对开环算法来说收敛速度较慢,且算法的性能指标对协方差矩阵 $\boldsymbol{R}$ 很敏感,一旦参考信号或输入信号导致 $\boldsymbol{R}$ 变坏,不利于系统收敛. SMI(直接矩阵变换)算法[53]. 能较好地解决这一矛盾,它属于开环自适应,通过对取样协方差矩阵直接估计加权系数 w 来实现与特征值无关的最大收敛速度. 当有新的取样数据时,对 $\boldsymbol{R}$ 进行更新,相应地得到一个新的权矢量. 当取样数逐渐增多时,权矢量的估计值趋近真实值.

1. 算法公式

对于阵列信号的 N 个取样点 $\boldsymbol{x}(n), n = 0, 1, 2, \cdots, N-1, \boldsymbol{R}$ 的无偏估计可由简单的平均来得到,即:

$$\boldsymbol{R}(n) = \frac{1}{N} \sum_{n=0}^{N-1} \boldsymbol{x}(n) \boldsymbol{x}^{\mathrm{H}}(n) \qquad (2.2\text{-}10)$$

$\boldsymbol{x}(\mathrm{n})$ 表示阵列信号取样. 当有新的取样数据时,$\boldsymbol{R}$ 更新为:

$$\boldsymbol{R}(n+1) = \frac{n\boldsymbol{R}(n) + \boldsymbol{x}(n+1)\boldsymbol{x}^{\mathrm{H}}(n+1)}{n+1} \qquad (2.2\text{-}11)$$

利用矩阵逆定理,更新矩阵的逆为:

$$\boldsymbol{R}^{-1}(n) = \boldsymbol{R}^{-1}(n-1) - \frac{\boldsymbol{R}^{-1}(n-1)\boldsymbol{x}(n)\boldsymbol{x}^{\mathrm{H}}(n)\boldsymbol{R}^{-1}(n-1)}{1 + \boldsymbol{x}^{\mathrm{H}}(n)\boldsymbol{R}^{-1}(n-1)\boldsymbol{x}(n)}$$

$$(2.2\text{-}12)$$

且 $\boldsymbol{R}^{-1}(0) = \frac{1}{\xi}I$, ξ 为常数,然后由公式:

$$w = \boldsymbol{R}_{\mathrm{xx}}^{-1} \boldsymbol{R}_{\mathrm{xd}} \qquad (2.2\text{-}13)$$

$\boldsymbol{R}_{\mathrm{xd}}$ 是互相关量.

随着取样数增加,矩阵不断更新并趋近于它的真实值,估计的权向量会趋向于最佳值.

2. 模拟结果

采用三元直线天线阵,设期望信号的方向为 10°,信噪比为10 dB;两干扰信号方向分别为 20°和－50°,信噪比均为－10 dB. 取 $N=10$,经迭代后,我们获得自适应波束如图 2.2.6 所示.

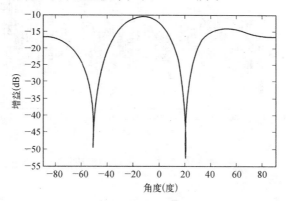

图 2.2.6 阵方向图

同时研究了 N 取不同值,对 SMI 绝对误差的影响,如图 2.2.7 至图 2.2.9 所示.由三个图对比可以看出,随着 N 值的增大,SMI 绝对误差变小.这是由于当 N 增多时,估计值越趋近真实值.由图2.2.8 可见,当 $N=10$ 时,抑制干扰的精度已足以达到实际工程的要求.

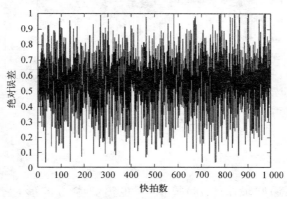

图 2.2.7 绝对误差($N=5$)

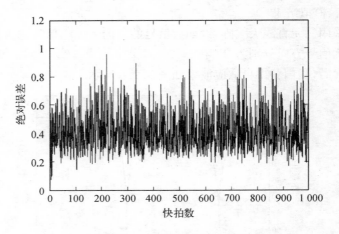

图 2.2.8　绝对误差（$N=10$）

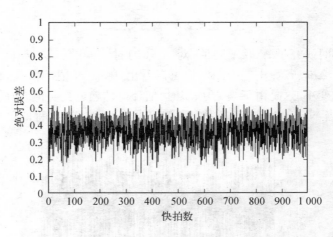

图 2.2.9　绝对误差（$N=100$）

2.2.3　RLS 算法

RLS（递归最小平方）算法[54]也需要参考波形，它是基于使每一快拍的阵列输出平方和最小的准则,即最小二乘(LS)准则.利用了从算法初始化后得到的所有阵列数据信息,用递推方法来完成矩阵的求逆运算,所用误差函数取值是每时刻对所有输入信号的重估计值,然后选择每一时刻权值的最优可能值,因此这种算法的非平稳适应性强、收敛速度比 LMS 快且对矩阵的信号相关性不敏感.且能实现收敛速度与计算复杂性之间的折衷.一般在大信噪比的情况下,RLS 比 LMS 的收敛速度快一个数量级.

1. 算法公式

初始值

$$P(0) = \delta^{-1} I \qquad (2.2-14)$$

$$\boldsymbol{w}(0) = 0$$

更新权

$$\boldsymbol{k}(n) = \lambda^{-1} P(n-1) / [1 + \lambda^{-1} \boldsymbol{u}^{\mathrm{H}}(n) P(n-1) \boldsymbol{u}(n)]$$

$$\boldsymbol{\alpha}(n) = \boldsymbol{d}(n) - \boldsymbol{w}^{\mathrm{H}}(n-1) \boldsymbol{u}(n)$$

$$\boldsymbol{w}(n) = \boldsymbol{w}(n-1) + \boldsymbol{k}(n) \boldsymbol{\alpha}^*(n)$$

$$P(n) = \lambda^{-1} P(n-1) - \lambda^{-1} \boldsymbol{k}(n) \boldsymbol{u}^{\mathrm{H}} P(n-1) \qquad (2.2-15)$$

δ 是任意小的正数,$\boldsymbol{I}$ 是单位矩阵,λ 是遗忘因子($0 < \lambda < 1$),$\boldsymbol{k}$ 是增益向量,$\boldsymbol{w}$ 是权向量,$\boldsymbol{u}$ 是输入向量,$\boldsymbol{d}$ 是期望响应.

2. 仿真结果

这里 δ 选取 10^{-6},λ 为 0.95,设期望信号的方向为 $45°$.用 RLS 算法分别获得 6 元和 8 元直线阵的波束,如图 2.2.10、图 2.2.11 所示.可见均满意地实现了对期望信号方向上的高增益.

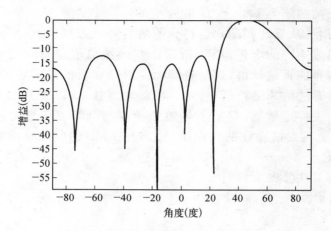

图 2.2.10　6 元直线天线阵方向图

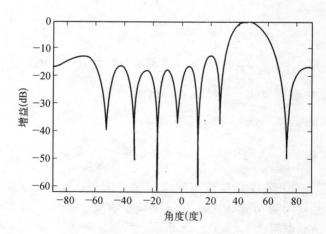

图 2.2.11　8 元直线天线阵方向图

2.2.4　性能比较

1. 仿真结果

采用表 2.2.1 所示模拟参数,我们对用 Rake 接收机与用以上三种算法的智能天线进行了比较,Rake 接收机采用最大合并比算法.结果如图 2.2.12 至图 2.2.14 所示,分别表示用户运动速度为 5 km/h 和 100 km/h 的信噪比与误码率的关系,由图 2.2.12 可以看出,当信噪比超过 5 dB 时,采用智能天线要比不用智能天线的 Rake 接收机误码率要低 1~2 个数量级.随着用户速度的增大,性能降阶,但仍然是智能天线获得的性能较优,SMI、RLS 优于 LMS 算法.图 2.2.13 可以看出,当用户运动速度达到 100 km/h 时,三种算法在同等信噪比的情况下,误码率均降低近两个数量级,但 SMI、RLS 算法性能仍优于 LMS 算法的性能.由图可见,智能天线获得的性能明显优于用 Rake 接收机的情况.

表 2.2.1　模拟参数

系　　统	DS - CDMA
载　　频	2 GHz
码片速率	1.28 Mchip/s
天线单元数	4
运动速度	5 km/h, 100 km/h

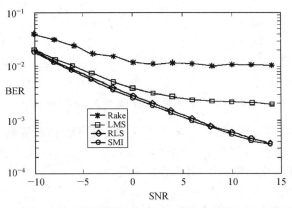

图 2.2.12　误码率与信噪比的关系(6 个用户,5 km/h)

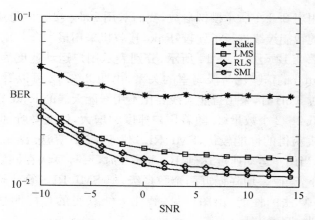

图 2.2.13 误码率与信噪比的关系(6 个用户,100 km/h)

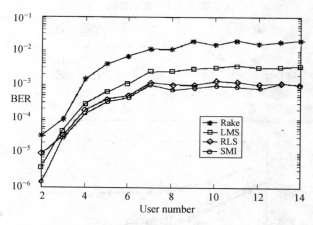

图 2.2.14 误码率与用户数的关系(5 km/h)

图 2.2.14 表示在一个符号周期内,用户运动速度均为 5 km/h
的速度时,获得的用户数与误码率的关系,可见,智能天线的性能优
于 Rake 接收机,且 SMI、RLS 性能较好.

2. 对几种算法的认识

(1) 需参考波形的非盲算法技术已发展得较为成熟,是研究智能天线基本而且重要的方法,这些方法能够反应信号信道变化,但是以牺牲频谱利用率为基础.

(2) LMS算法结构简单,硬件实现成本低,当干扰信号数目少于阵元数时,能够较好地抵抗多径干扰,已广泛用于自适应天线系统.

(3) 在LMS算法中,提出了 $E[e(n)\boldsymbol{x}_N(n)]=e(n)\boldsymbol{x}_N(n)$ 的假设条件,这种提法本身有不足之处,当 n 趋向无穷大时,才有其统计意义.该算法动态范围小,收敛速度慢,对非平稳信号适应性差,当干扰信号源数多于阵元数时,此算法可能失效.

(4) RLS算法的非平稳适应性强、收敛速度比 LMS 快且对矩阵的信号相关性不敏感.不足之处是由于时刻需对信号重估,信号码元计算量大.

(5) SMI 算法的不足之处在于需要高速度、高性能的数字信号处理器来实现加权系数的变化,而现代数字信号处理技术的发展对这一技术要求已成为现实.另一个缺点是如果协方差矩阵呈病态,则求逆过程难以进行. SMI 算法比 LMS 算法收敛速度快得多,但是需要矩阵求逆运算,复杂度高,且其计算复杂性与 M^3(M 为阵元数)成正比,因此对于大的阵列,它所需的处理能力要很强[55].

以上算法中必须为期望信号提供训练序列或判决导向.在训练序列法中,发送接收机已知的一个简短的数据序列.接收机在训练周期内,使用自适应算法估计权向量,然后在信息发射期间保持权值恒定.这种方法要求从一个训练周期到下一个训练周期期间环境要保持稳态.为了提高频谱利用率,一般比较热衷于不需要参考信号的算法,即盲算法.

2.3 自适应波束形成盲算法的研究

2.3.1 引言

不需要参考信号的方法,统称为盲自适应算法(blind adaptive algorithm),是通过尝试对接收信号的某些特性进行恢复而进行自适应的. 由于不需要参考信号而直接用天线收到信号的统计特性加以分析, 取得有用信号、分离干扰噪声, 再调整权值, 故正被人们日益看中. 这类算法主要有恒模算法(CMA)、最大比值合并法(MRC)、子空间法(SS)、盲序列估计法(BSE)等, 其中以恒模算法为代表. 盲自适应的一种算法是 Bussgang 法. 在 Bussgang 法中, 阵列合并器的输出端, 使用一个非线性零记忆的估计算子 $g(\cdot)$ 对信号 y_n 进行运算. 利用 $d_n = g(y_n)$ 和 y_n 之差构造一个误差函数 e_n, 用来更新阵列权向量, $g(\cdot)$ 用来提取输入信号的相位.

$$z_n = \hat{\boldsymbol{w}}_n^{\mathrm{H}} \boldsymbol{u}_n \qquad (2.3-1)$$

$$e_n = g(z_n) - z_n \qquad (2.3-2)$$

$$\hat{\boldsymbol{w}}_{n+1} = \hat{\boldsymbol{w}}_n + \mu \boldsymbol{u}_n e_n^* \qquad (2.3-3)$$

判决导向是 Bussgang 法的一种简单形式. 其中的一个例子是由 Godard 引入的恒模算法(Constant Modulus Algorithm, CMA).

CMA 方法适用于发射信号为恒包络的情况, 其代价函数为

$$J(w_k) = E[| |\boldsymbol{w}_k^{\mathrm{H}} \boldsymbol{u}_i|^p - |\alpha|^p |^q] \qquad (2.3-4)$$

式中 α 是阵列输出端期望信号的幅值. 利用 CMA 代价函数的自适应阵列使阵列输出端的信号具有幅值为 α 的恒包络. 指数 p 和 q 要么为 1, 要么为 2. 利用不同的 p 和 q 值, 可以得出几种具有不同收敛特性和复杂度的最速下降算法. 这种方法也有一些不足, 比如这类算法只是简单地捕获输入端最强的恒包络信号, 而该信号可能是干扰信号. 而且, 这种算法的收敛性不如 MMSE 和 LS 方法好, 尽管 CMA 方法的收敛条件很宽. 另外, CMA 方法非常适于减少窄带衰落, 也适用于模拟调频信号. Agee 提出了一种多目标的 CMA 算法, 巧妙避开了 CMA 系统捕获干扰的问题[56].

$p=1$, $q=2$ 时, 也称为 1-2 型, 令 $\alpha=1$, 我们得到下列算法

$$y(k) = \boldsymbol{w}^{\mathrm{H}}(k)\boldsymbol{u}(k) \qquad (2.3-5)$$

$$e(k) = 2\left(y(k) - \frac{y(k)}{|y(k)|}\right) \qquad (2.3-6)$$

$$\boldsymbol{w}(k+1) = \boldsymbol{w}(k) - \mu\boldsymbol{u}(k)e^*(k) \qquad (2.3-7)$$

很明显,不需要期望信号的估计,因为新的权向量 w_{k+1} 仅与阵列输出、数据向量 $u(t)$ 和上一权向量 w_k 有关.对于其它基本 CMA 型,应用下面的误差函数

$$e(k) = \frac{y(k)}{|y(k)|}\mathrm{sgn}(|y(k)|-1) \qquad (2.3-8)$$

$$e(k) = 2y(k)\mathrm{sgn}(|y(k)|^2-1) \qquad (2.3-9)$$

$$e(k) = 4y(k)(|y(k)|^2-1) \qquad (2.3-10)$$

对盲估计及 CMA 算法的认识.

(1) CMA 算法除了盲估计算法的一般特性外,它还能很好地补偿在多径环境中产生的多径衰落,克服信号间的时间延迟,对抗干扰有特殊的效果.

(2) CMA 算法在克服同信道干扰产生的影响时效果很好,但对相位的变化不敏感,故信号有较大相位变化或是相位调制时使用受限.

(3) CMA 算法的原型收敛速度较慢,且到最优权值时有较大的剩余误差,不能很好的收敛于全局最小点,不能满足高精度通信的要求.该算法要求输入信号的数目小于阵元数,否则效果不好.

CMA 算法属于盲算法,对权值的控制仅需要信号的幅度信息,它要求发送信号的幅度是恒定的,而 CMA 自适应阵列就是用来捕获具有恒模特性的期望信号,如 FM、PSK、FSK 等.当天线阵列仅接收到具有恒模的期望信号时,其输出信号的幅度也是恒定的,而当接收信号中有干扰存在时,输出信号会由于干扰的加入而带来抖动.通过 CMA 算法可以消除由干扰带来的阵列输出信号的幅度波动,在算法的运行过程中始终观察输出信号的幅度,并控制权值使

其幅度变化最小化,这样当输出幅度变为恒定时,在天线方向图的干扰来波方向上就会形成零陷[57]. 近年来多种文献已报道了对CAM 算法的改进,使 CAM 算法更趋成熟和完善[58~60]. 文献[61]在求权值时做了调整,其收敛速度增加,剩余误差减少;文献[62]对算法做了更深入的分析. 文中[63]提出了一种差分 CMA 算法,它的特性不如 CMA,但是利用 DOA 信息会使它在波束空间的收敛特性有所改善. CMA 适用于消除相关到达的干扰信号和数字通信中的恒模信号.

2.3.2 CDMA 系统中自适应盲波束形成的研究

直序扩频码分多址技术(DS‐CDMA)[64]已成为第三代移动通信中一种首选的多址方式. DS‐CDMA 系统同时也是干扰受限系统,其容量很大程度上取决于系统的干扰强度. 为了进一步提高系统容量,人们在有效的抑制多址干扰和克服多径衰落以及远近效应作了大量研究工作[65,66]. 提高 DS‐CDMA 系统性能的关键在于减少多址干扰,解决方案之一是在小区基站处采用智能天线. 从空域上消除大量的多址干扰和减轻多径效应,同时增加覆盖区域,在智能天线中次优波束形成器需要已知期望用户信号方向,超分辨估计信号来向的MUSIC、ESPRIT 方法[67]都要求用户数小于阵元数,而 CDMA 系统中,小区平均用户数远大于阵元数,天线阵已不能起对消干扰的作用,而最优波束形成方法也存在一些困难. 首先是相关矩阵难以得到,其次求矩阵的逆运算量大,导致天线阵列的方向改变跟不上应用环境的变化,因而出现不少基于次优的算法,如文献[68]基于最大接收信号准则提出了空间变步长搜索算法,比较了最优信噪比准则和最大接收信号准则条件下各自的阵列方向图,结论是采用次优波束形成器在系统信噪比没有大的降低情况下降低了系统复杂度. 而基于训练序列的波束形成算法要求 DS‐CDMA 系统信道传输参考信号,这样会降低系统容量,同时又增加系统负担,因此,这类算法也不适合在 DS‐CDMA 中应用. Naguib 在文献[34]中给出了一种基于信号结构的自适应波束形成算法,它的最大优点在于不需要训练序列,但这种算法需要通过求广义特征向量来估计阵列的响应向量,然后再求最优权向量,其中涉及矩阵求逆运算,因此,算法的复杂度较高,同时,最优权向量又受阵列响应向量估计精度的影响. 文献[35]给出了一种小扩频增益下提高阵列响应估计精度的波束形成算法,但这种算法要用到训练序列,并且同样存在计算复杂度高的问题. 针对这些情况,本文将介绍一种不需要估计阵列响应向量的自适应盲波束形成算法.

2.3.2.1　模型

考虑 DS-CDMA 系统的单个蜂窝小区的上行链路,即移动用户到基站的链路. 假设基站配备了阵元个数为 M 的均匀线性阵列,阵元间距为半个波长,移动用户为单个天线,系统中共有 K 个激活用户. 基站天线接收信号转换后,用向量表示为:

$$\boldsymbol{x}(t) = \sum_{k=1}^{K} \alpha_k A_k b_k(t - \tau_k) c_k(t - \tau_k) \mathrm{e}^{-j\phi_k} \boldsymbol{a}(\theta_k) + \boldsymbol{n}(t)$$

$$(2.3 - 11)$$

其中 A_k、τ_k、θ_k、ϕ_k 和 α_k 分别为第 k 个用户的信号振幅、时延、到达方向、相位和信道衰弱因子,$b_k(t)$ 和 $c_k(t)$ 是信号波形和扩频码波形,周期分别为 T_b 和 T_c,扩频信号的处理增益 $G = T_b / T_c$,$a(\theta_k)$ 为 $M \times 1$ 的阵列响应向量.

最大化信噪干比(SINR)性能下的最优权向量:

$$w_{\mathrm{MSINR}} = \underset{w}{\arg\max} \frac{E\{|\boldsymbol{w}^{\mathrm{H}} \boldsymbol{s}(n)|^2\}}{E\{|\boldsymbol{w}^{\mathrm{H}} \boldsymbol{u}(n)|^2\}} \qquad (2.3 - 12)$$

$$= \underset{w}{\arg\max} \frac{\boldsymbol{w}^{\mathrm{H}} \boldsymbol{R}_s \boldsymbol{w}}{\boldsymbol{w}^{\mathrm{H}} \boldsymbol{R}_u \boldsymbol{w}}$$

式中 $\boldsymbol{R}_s = E\{\boldsymbol{s}(n)\boldsymbol{s}(n)^{\mathrm{H}}\}$ 和 $\boldsymbol{R}_u = E\{\boldsymbol{u}(n)\boldsymbol{u}(n)^{\mathrm{H}}\}$ 分别是接收信号向量和干扰信号向量的自相关矩阵. 根据矩阵论,最优权向量 w_{MSINR} 是矩

阵束（$\boldsymbol{R}_s$，$\boldsymbol{R}_u$）的最大广义特征值所对应的广义特征向量，即

$$\boldsymbol{R}_s w_{\mathrm{MSINR}} = \lambda_{\max} \boldsymbol{R}_u w_{\mathrm{MSINR}} \qquad (2.3-13)$$

其中 $\lambda_{\max}$ 是最大广义特征值. 遗憾的是，无法将 $s(n)$ 和 $u(n)$ 分离，因此，仅利用解扩后的信号向量，无法求出最优的权向量.

文献[69]中给出解扩前和解扩后信号向量具有如下特殊的结构性质：

$$\boldsymbol{R}_x = E\{x(g;n)x(g;n)^{\mathrm{H}}\} = \frac{1}{G}\boldsymbol{R}_s + \boldsymbol{R}_u \qquad (2.3-14)$$

$$\boldsymbol{R}_y = \boldsymbol{R}_s + \boldsymbol{R}_u \qquad (2.3-15)$$

其中 $0 \leqslant g \leqslant G$，从（2.3-14）和（2.3-15）式知，$\boldsymbol{R}_s$ 和 $\boldsymbol{R}_u$ 可以直接从 $\boldsymbol{R}_x$ 和 $\boldsymbol{R}_y$ 中估计，但是这种方法的估计精度受 $\boldsymbol{R}_x$ 和 $\boldsymbol{R}_y$ 估计精度影响，特别是当系统增益较小时，估计误差将会更大. 为了克服这些缺点，考虑如下函数[70]：

$$\frac{w^{\mathrm{H}}\boldsymbol{R}_y w}{w^{\mathrm{H}}\boldsymbol{R}_x w} = \frac{w^{\mathrm{H}}(\boldsymbol{R}_s + \boldsymbol{R}_u)w}{w^{\mathrm{H}}\left(\frac{1}{G}\boldsymbol{R}_s + \boldsymbol{R}_u\right)w} = G - \frac{G-1}{\frac{1}{G}\eta + 1} \qquad (2.3-16)$$

其中 $\eta = \dfrac{w^{\mathrm{H}}\boldsymbol{R}_s w}{w^{\mathrm{H}}\boldsymbol{R}_u w}$ 为用户 1 的 SINR. 因为用户的扩频增益 G 为常数，从式（2.3-16）知，最大化用户 1 的 SINR 等价于最大化式（2.3-16），因此：

$$w_{\mathrm{MSINR}} = \arg\max_{w} \frac{w^{\mathrm{H}}\boldsymbol{R}_y w}{w^{\mathrm{H}}\boldsymbol{R}_x w} \qquad (2.3-17)$$

基于该方法的盲波束形成，计算复杂度较高，特别是矩阵维数较大时. 针对上述困难，我们建议一种新的方案.

2.3.2.2　改进的方案

采用 2.3.2.1 中的模型，考虑到向量：

$$\boldsymbol{x}(t) = \left[x_1(t), \cdots, x_M(t)\right]^{\mathrm{T}}$$

$$\boldsymbol{w} = \left[w_1, \cdots, w_M\right]^{\mathrm{T}}$$

(2.3-18)

则波束形成器的输出为

$$\boldsymbol{r}(t) = \boldsymbol{w}^{\mathrm{H}}\boldsymbol{x}(t)$$

$$= \sum_{k=1}^{K} \alpha_k A_k b_k(t-\tau_k) c_k(t-\tau_k) \mathrm{e}^{-j\phi_k} \boldsymbol{w}^{\mathrm{H}}\boldsymbol{a}(\theta_k) +$$

$$\boldsymbol{w}^{\mathrm{H}}\boldsymbol{n}(t)$$

(2.3-19)

假设用户 1 是我们当前的期望信号,则(2.3-19)式也可表示为

$$\boldsymbol{r}(t) = \alpha_1 A_1 \boldsymbol{w}^{\mathrm{H}}\boldsymbol{a}(\theta_1) b_1(t-\tau_1) c_1(t-\tau_k) \mathrm{e}^{-j\phi_k} +$$

$$\sum_{k=2}^{K} \alpha_k A_k b_k(t-\tau_k) c_k(t-\tau_k) \mathrm{e}^{-j\phi_k} \boldsymbol{w}^{\mathrm{H}}\boldsymbol{a}(\theta_k) +$$

$$\boldsymbol{w}^{\mathrm{H}}\boldsymbol{n}(t)$$

(2.3-20)

将其通过与用户 1 码字 c_1 相匹配的滤波器后得

$$y(t) = c_1^{\mathrm{T}} r = \alpha_1 A_1 \boldsymbol{w}^{\mathrm{H}}\boldsymbol{a}(\theta_1) b_1(t-\tau_1) \mathrm{e}^{-j\phi_k} +$$

$$\sum_{k=2}^{K} \alpha_k A_k b_k(t-\tau_k) c_k(t-\tau_k) c_1^{\mathrm{T}} \mathrm{e}^{-j\phi_k} \boldsymbol{w}^{\mathrm{H}}\boldsymbol{a}(\theta_k) +$$

$$c_1^{\mathrm{T}} \boldsymbol{w}^{\mathrm{H}}\boldsymbol{n}(t)$$

(2.3-21)

我们定义一个新的参考信号: $d = c_1 y$

则信号误差为

$$err = c_1 y - r = c_1 y - \boldsymbol{w}^{\mathrm{H}}\boldsymbol{x}(t)$$

(2.3-22)

根据 MMSE 准则求出均方差最小,用 LMS 算法获得权值

$$w(n+1) = w(n) + \mu \nabla_w \left[err^2(n)\right]$$

得:

$$w(n+1) = w(n) + \mu err(n)x(n) \qquad (2.3-23)$$

2.3.2.3 仿真结果

考虑信号数多于阵元数的情况,取 $M=4$,有一个期望信号,四个干扰信号,共五个信号,期望信号功率为 -5 dB,波达角为 $0°$,干扰信号为 20 dB.阵元间隔为半个波长,扩频增益为 31,SINR 仿真结果如图 2.3.1 所示,实线是本文方法获得的模拟结果,虚线是文献[70]的方法得出的结果,可以看出,近 100 次迭代后本法即可收敛到稳定,因此本文的方法有较快的收敛速度. 文献[71]已给出了一种低复杂度盲自适应波束形成算法. 采用了一种新的代价函数,分别对户数少于阵元数和用户数多于阵元数两种情形进行仿真. 结果获得了预期的性能.

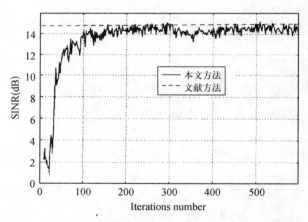

图 2.3.1　5 个用户的 SINR

图 2.3.2 是给出的两种方法获得波束模式图,由于 4 个元天线阵只有 3 个零点,从图中可以看到,在用户数多于天线阵元数的情形下,所有用户不可能都在目标用户波束模式的零点上,主波束准确的对准在目标用户方向上,而有些干扰用户在零点上,而有些不在零点上. 可以看出,本文的方法在用户数多于阵元数时,一般情形下,也能

有效的抑制多址干扰.

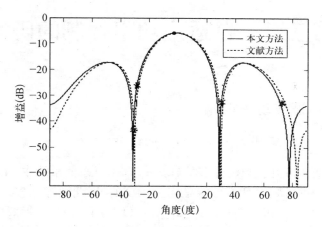

图 2.3.2　5 个用户的方向图

2.4　小结

　　本章对智能天线中常用的波束形成算法进行了介绍,并对不同算法作了具体的仿真,比较了其不同的性能. 由于传统的算法在 CDMA 系统中受到一定的局限性,必须采用相应的适于 CDMA 系统的算法,并对智能天线在 CDMA 系统应用作了概述,提出了一改进的算法,下章将对蜂窝通信中自适应功率控制进行模拟,显示了自适应算法在现代无线通信中的作用.

第三章 自适应功率控制的研究

3.1 自适应功率控制

3.1.1 算法方案

在直接序列扩频码分多址(DS-CDMA)通信系统中,由于分配给各用户的扩频序列不可能是完全正交的,因此总存在多址接入干扰(MAI)和远/近效应(Near-Far Effect).为了克服远/近效应,现在的 CDMA 接收机采用的主要方法是在基站和移动台中增加一些复杂的功率控制设备,实现等功率接收.这种方法需要很宽的功率调节范围,并且在瑞利衰落下难以实现绝对准确的功率控制.而且即使远/近效应能通过严格的功率控制加以解决,系统中仍存在多址接入干扰.少数几个用户引起的多址接入干扰也会严重影响接收机的性能,降低系统的容量.十几年来,关于多用户检测器在白高斯噪声信道及衰落信道中的研究已相当广泛[72~75],支持多速率传输的多用户检测器的研究也引起了人们的浓厚兴趣[70,76].但他们大多只集中于研究多用户检测器克服"远-近效应"的性能,并且通常都假设系统中没有功率控制.另一方面,目前大量关于 CDMA 系统中功率控制的研究,都假设系统是基于单用户检测器的,缺乏联合功率控制与多用户检测技术的研究.

在以前的功率控制的研究中,都把功率控制认为是求一非负矩阵的特征值的问题,即使各个通信链路的信干比 SIR(Signal to Interference Ratio)最大的办法就是求得此非负矩阵的主特征值(Dominant Eigenvalue),这种方法称为功率平衡法(Power Balancing)[77].但这种方法需要对各个链路进行估计,并且还要对矩阵进行复杂的转换和运算,鉴于其链路估计的难度和计算的复杂度,在实际中不太可行.直到近来才引起人们的注意[78~81].文献[78]指出:在采用了多用户检测器的 CDMA 系统中,仍然需要功率控制技术来补偿信道衰落,保证服务质量(QoS)要求并节省移动台功耗.文献[79]指出:联合功率控制和多用户检测技术可以降低多址干扰.本节分析了 MMSE(最小均方差)[82]多用户检测器的接收算法,得出了最佳接收信干比与移动台发射的功率矢量间更简洁的对应关系,大大降低运算程度.

本节所分析的系统是同步 CDMA 通信系统的上行链路,为了便于分析,调制方式为 BPSK 调制,并且假设这个系统中有 N 个用户和 M 个基站.其中,用户 i 的发射信号在其所属基站的接收信号是[83]:

$$r_i = \sum_{j=1}^{N} \sqrt{p_j} \sqrt{h_{ij}} b_j s_j + n \qquad (3.1-1)$$

式中,b_j 是用户 j 发送的信息比特.n 是高斯随机向量,且有 $E[nn^T]=\sigma^2 I$.h_{ij} 为用户 j 到用户 i 所属基站的信道增益(channel gain).p_j 为用户 j 将优化的功率,s_i 为用户 i 的扩频码.若基站接收机用户 i 滤波器系数为 c_i,那么接收滤波器对用户 i 的输出为:

$$y_i = \sum_{j=1}^{N} \sqrt{p_j} \sqrt{h_{ij}} (c_i^T s_j) b_j + \widetilde{n}_i \qquad (3.1-2)$$

其中,$\widetilde{n}_i = c_i^T n$.基站接收到用户 i 的信号干扰噪声比为:

$$SIR_i = \frac{p_i h_{ii} (c_i^T s_i)^2}{\sum_{j \neq i} p_j h_{ij} (c_i^T s_j)^2 + \sigma^2 (c_i^T s_i)} \qquad (3.1-3)$$

上式中 σ^2 为基站接收机处加性高斯背景噪声的功率.对基于单用户检测器的 CDMA 系统而言,检测器结构是恒定不变的:$c_i = s_i$,且有归一化能量 $\langle s_i, s_i \rangle = 1$,那么系统只有通过调整发射功率 p_i 来保证每个用户的 $SIR_i \geq \gamma_i^*$.

对基于多用户检测器的 CDMA 系统而言,检测器结构 c_i 和发射功率 p_i 都是系统可以控制的资源,我们的目的就是寻找最佳的发射功率 p_i,以及多用户检测器系数 c_i,使得在保证 $SIR_i \geqslant \gamma_i^*$,$i = 1, \cdots, N$ 的条件下,使用户的总发射功率最小. 该优化问题的目标函数与约束条件的基本形式如下:

$$\min \sum_i p_i$$

$$p_i \geqslant \frac{\gamma_i^*}{h_{ii}} \min \frac{\sum\limits_{j \neq i} p_j h_{ij} (\boldsymbol{c}_i^T \boldsymbol{s}_j)^2 + \sigma^2 (\boldsymbol{c}_i^T \boldsymbol{c}_i)}{(\boldsymbol{c}_i^T \boldsymbol{s}_i)^2} \qquad (3.1-4)$$

$$p_i \geqslant 0$$

由式(3.1-4)可见,该优化模型实际包含了滤波器优化和功率优化的两个问题. Ulukus[79] 给出了该问题的两步迭代求解算法:

$$\hat{\boldsymbol{c}}_i = \frac{\sqrt{p_i(n)}}{1 + p_i(n) \boldsymbol{s}_i^T \boldsymbol{A}_i^{-1}(p(n)) \boldsymbol{s}_i} \boldsymbol{A}_i^{-1}(p(n)) \boldsymbol{s}_i \qquad (3.1-5)$$

$$p_i(n+1) = \frac{\gamma_i^*}{h_{ii} (\hat{\boldsymbol{c}}_i^T \boldsymbol{s}_i)^2} \left(\sum_{j \neq i} p_j h_{ij} (\hat{\boldsymbol{c}}_i^T \boldsymbol{s}_j)^2 + \sigma^2 (\hat{\boldsymbol{c}}_i^T \hat{\boldsymbol{c}}_i) \right)$$

$$(3.1-6)$$

$$\boldsymbol{A}_i = \sum_{j \neq i} p_j h_{ij} \boldsymbol{s}_j \boldsymbol{s}_j^T + \sigma^2 \boldsymbol{I} \qquad (3.1-7)$$

其中 $\boldsymbol{A}_i$ 为所有干扰与噪声的总功率. 结合式(3.1-3)和式(3.1-4)说明该算法的物理含义:第一步,在当前的各用户发射功率下,寻找

使 $\dfrac{\sum\limits_{j \neq i} p_j h_{ij} (\boldsymbol{c}_i^T \boldsymbol{s}_j)^2 + \sigma^2 (\boldsymbol{c}_i^T \boldsymbol{c}_i)}{(\boldsymbol{c}_i^T \boldsymbol{s}_i)^2}$ 最小,也就是能够把干扰抑制到最小的

滤波器 c_i. 对于恒定的发射功率,MMSE 滤波器 c_i 满足这样的条件,它使得滤波器对有用信号的输出信干比最大;第二步,根据当前 MMSE 滤波器的输出信干比调整用户发射功率使之满足所需 SIR 要求. 当用

户的发射功率 p 收敛到最小功率解时,MMSE 滤波器也同时收敛.

3.1.2 数值仿真

假定要分析的系统是一个单小区的同步无线蜂窝系统,移动用户在 1 500 米范围内的同一基站内,如图 3.1.1 所示,用户 $N=50$ 的情况.忽略小区间的干扰,并且移动台不会产生多普勒频移.仿真参数:信道高斯噪声的方差 $\sigma^2 = 10^{-12}$,每个用户目标 SIR 为 $\gamma_i^* = 5(7\text{ dB})$,扩频增益即处理增益(Processing Gain)$G=150$,每个用户的初始功率为 0.

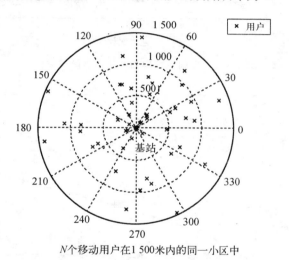

N个移动用户在1 500米内的同一小区中

图 3.1.1　移动用户在小区中的分布

MMSE 滤波器的系数初始化为每个用户的扩频序列,即 $c_i(0) = s_i$.仿真结果见图,图 3.1.2、图 3.1.3 所示为传统功率控制下系统的发射总功率与 MMSE 功率的比较,图中 N 为移动用户数,由两图可以看出,随着用户的增多,传统的功率控制方法的总发射功率,越不易控制,出现不稳定趋向.即采用 MMSE 功率控制算法的总的传输功率在第二次迭代就接近饱和值了,到第三次迭代时,基本就达到了最大总功率,方便地达到了功率控制的目的.

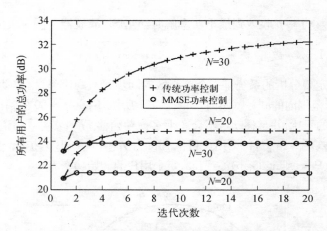

图 3.1.2 发射总功率与迭代次数的关系(1)

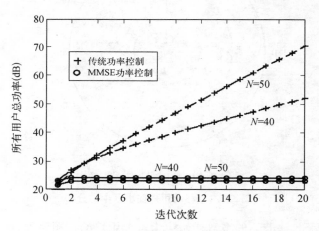

图 3.1.3 发射总功率与迭代次数的关系(2)

由图 3.1.4、图 3.1.5 和图 3.1.6 很清楚地表明,在用户数分别为 20、30 和 40 时,MMSE 功率控制下各个用户的信干比(SIR)在传统功率控制下有更快的收敛速度,能够更快地达到最大信干比(目标信干比),所以能加快系统功率控制的反应速度.并且还可以看到,在用户数由 20 增大到 30 和 40 时,传统功率控制下各个用户的信干比很难达到目标信干比 5，随着用户数的不断增加，其用户的信干比也会相应不断减小. 即表明，在传统功率控制下的多用户通信系统中各个用户的信干比是得不到保证的，通信质量变得很差；而在 MMSE 功率控制下却没有这样的问题，随着用户的增多，每个用户还能维持较高的通信质量.

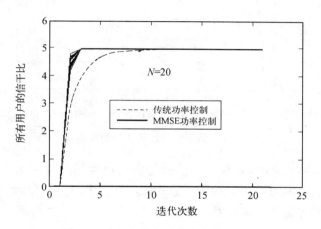

图 3.1.4　信干比与迭代次数的关系(1)

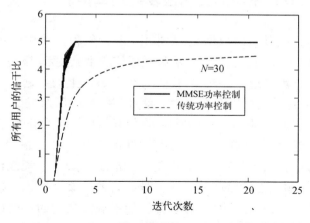

图 3.1.5　信干比与迭代次数的关系(2)

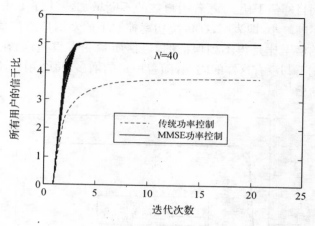

图 3.1.6　信干比与迭代次数的关系(3)

仿真结果表明,联合功率控制与多用户检测的两步迭代功率控制算法比传统的功率控制算法更节省发射功率,有更快的收敛速度,并能使系统支持更多的用户.

3.2　OFDM 系统的自适应发射功率控制

随着人们对通信数据化、宽带化、个性化和移动化的更高的需求,OFDM 技术将成为 3 G 以后移动通信的主流技术. 该技术通过把高速率数据流通过串并转换,使得每个子载波上的数据符号持续长度相对增加,从而可以有效地消除信号多径传播所造成的 ISI 现象,特别是随着 DSP 芯片技术的发展,人们开始集中精力开发 OFDM 技术在移动通信领域的应用. 但在 OFDM 系统中,由于子信道的频谱相互覆盖,这就对它们的正交性提出了严格的要求. 由于无线信道的时变性,在传输过程中出现的无线信号频谱偏移或发射机与接收机本地振荡器之间存在的频率偏差,都会使子载波之间的正交性遭到破坏,导致子信道间干扰(ICI),这种对频率偏差的敏感性是 OFDM 系统的主要缺点之一. 最近,有许多有关改善 OFDM 系统行为的报道,其中,自适应 OFDM 系统较受人们关注[84],每个子载波调制模式随着信道质量的改变,从而提高了系统性能. 然而,这种性能的提高是以假定精确的信道知识为前提的,当信道时变时,信道信息很难精确获得. 因此,用于实际系统时,导致系统性能严格下降,另一方面,也有另外的改善 OFDM 系统新方案应用空时发射分集技术[85,86],但在这些方案中采用固定的调制模式而不考虑信道信息,系统性能的改善受到了限制. 本文提出基于空时编码正交频分多址(OFDM)系统的自适应发射分集方案,如下是自适应模型及模拟结果.

3.2.1 模型

图 3.2.1 所示为基于空时编码 OFDM 自适应发射分集方案的方块图,自适应分配单元根据当前信道知识将所要传输的比特容量自适应地分配到 N 个子信道上,这样我们获得子信道的比特向量,$\boldsymbol{B} = [b_0, b_1, \cdots, b_{N-1}]^T$,最后由 b_n 映射出调制模式及其所对应的信号星座点 $d(n)$,并通过串并转换成数据矢量.

$$\boldsymbol{d}_i = [d_i(0), d_i(1), \cdots, d_i(N-1)]^T \qquad (3.2-1)$$

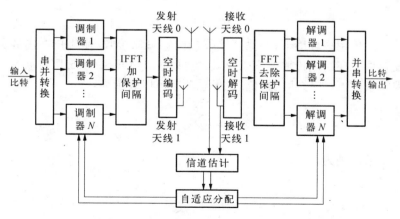

图 3.2.1　基于空时编码 OFDM 自适应发射分集

其中 $d_i(n)=d_{Ii}(n)+jd_{Qi}(n)$，$d_{Ii}$ 和 d_{Qi} 由自适应映射决定，取自 $\{0, \pm1, \pm3, \pm5\}$ 中的某一值. 自适应调制后的数据矢量 $\boldsymbol{d}_i$ 经 N 点离散傅立叶反变换(IFFT)后生成 OFDM 符号矢量

$$s_i = [s_i(0), s_i(1), \cdots, s_i(N-1)]^T \tag{3.2-2}$$

式中 $s(n)$ 为 $d_i(n)$ 的 N 点 IFFT. 通过 IFFT 转化为时域样本,且通过插入保护间隔,已经不存在符号间干扰,对循环扩展后的 OFDM 符号 s_i 进行简单空时编码,使得在某一 OFDM 符号间隔(时间1),从天线 0 上发送的信号为 s_0,从天线 1 上发送的信号为 s_1. 在下一 OFDM 符号间隔(时间2),从天线 0 上发送的信号为 $(-s_1^*)$,从天线 1 上发送的信号为 s_0^*,其中 $*$ 表示复共轭. 因此,接收端输出 $\boldsymbol{r}$,对应于两个连续的发射符号在一个空时编码块被表示为[86]

$$\boldsymbol{r} = \boldsymbol{Hs} + \boldsymbol{n} \tag{3.2-3}$$

$\boldsymbol{n}$ 是复高斯噪声向量,$\boldsymbol{H}$ 是信道转换矩阵. 假定在两个相继 OFDM 符号间隔内衰落是时不变的. 与发送端自适应分配单元同步的自适应最大似然估值器采用最大似然判决准则对信号矢量进行估计,以获得源发送信号 $\boldsymbol{d}_i$ 的估计值信号 $\hat{\boldsymbol{d}}_i$.

3.2.2 比特分配算法

在单用户环境下,要保证接收端能够可靠接收,使用户在需要的发射功率在给定传输速率以及 QOS (Quality Of Service)服务质量需求的条件下,能够达到最低. 发射总功率可以表示为:

$$P_T = \min \sum_{n=1}^{N} \frac{1}{\alpha_n^2} f(b_n) \tag{3.2-4}$$

限制条件则为

$$\sum_{n=1}^{N} b_n = C \tag{3.2-5}$$

式中 $b_n \geqslant 0$, $n=1, 2, \cdots, N$. b_n 是第 n 个子信道的比特数,这里假设

b_n 的取值范围是 $D=\{0,1,2,\cdots,M\}$，其中 M 是子载波上所能允许每个 OFDM 符号传输的最大比特数. α_n 是第 n 个子信道增益幅，C 是总比特数，函数 $f(*)$ 依赖于不同的编码和调制方案[87].

本文采用 greedy 算法进行比特分配，算法描述如下：

（1）初始化：对于所有的 n，有 $b_n=0$ 且

$$\Delta p_n=[f(1)-f(0)]/\alpha_n^2$$

（2）比特分配循环

重复 C 次 $\quad \hat{n}=\mathrm{argmin}\Delta p_n;\ b_{\hat{n}}=b_{\hat{n}}+1;$

$$\Delta p_{\hat{n}}=[f(b_{\hat{n}}+1)-f(b_{\hat{n}})]/\alpha_{\hat{n}}^2$$

（3）结论：获得比特分配结果：$B=[b_0,b_1,\cdots,b_{N-1}]$.

3.2.3 模拟结果

下面我们给出了一些模拟结果并作了比较. 为了说明本文方法的优点，我们模拟并比较了不同方案的性能. 主要模拟参数为：带宽利用率为 $3\ \mathrm{bit}/(\mathrm{s\cdot Hz})$，采用 4 路径衰落信道模型，$N=64$. 噪声方差为 1×10^{-3}；自适应调制模式：不传输、BPSK、QPSK、16 QAM 和 64 QAM.

图 3.2.2 给出了任一信道情况下，采用上文算法的比特及能量的分配，可以看出，当信道衰落较深时，自适应地分配较少的比特数或不分配，当不分配比特时即对应于不发送能量.

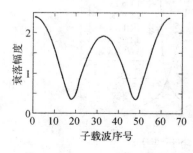 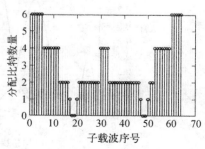

图 3.2.2　一种信道的比特分配

　　图 3.2.3、图 3.2.4 给出了各种调制模式在平均信噪比范围内的概率分布,这里仅考虑双发射双接收的情况,图 3.2.3 采用基于空时编码的固定调制的 OFDM 系统,图 3.2.4 采用本文建议的方案. 例如,图 3.2.3 中可以看出 QPSK 在 13 dB 处概率峰值为 0.58,而图 3.2.4 中约在 10 dB 处概率峰值为 0.8,且越过 18 dB 后该调制模式不再传输,而传输更高的调制模式. 因此,本文的方案有利于减少系统发送负荷.

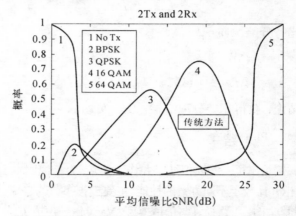

图 3.2.3　不同模式的概率分布(传统方法)

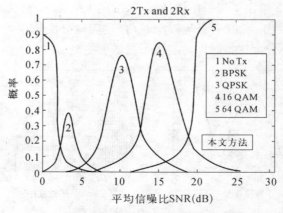

图 3.2.4　不同模式的概率分布(本文方法)

图 3.2.5 表明,在误码率为 10^{-4} 条件下,双天线发射、单天线收的情况下,本文建议的方案与固定调制空时编码的 OFDM 传统系统相比有约 8 dB 的自适应增益. 在双天线发射、双天线收的情况下,如

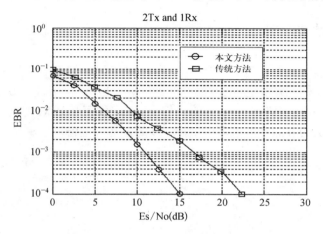

图 3.2.5 一个接收天线的 BER 性能

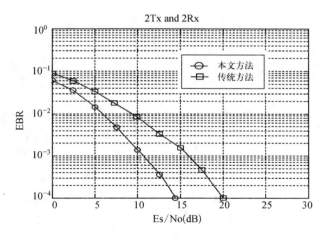

图 3.2.6 两个接收天线的 BER 性能

图 3.2.6 所示,同样在误码率为 10^{-4} 的情况下,除了两种方案分别获得约 3 dB 和 1 dB 分集增益外,本文建议的方案与固定调制空时编码的 OFDM 传统系统相比有约 6 dB 的自适应增益.

3.3 小结

本文尝试性地将 OFDM 系统和空时编码相结合,自适应算法用于基站发射端,提出将空时编码与自适应 OFDM 相结合的方案,仿真结果表明,在误码率为 10^{-4} 的条件下,在双发射单或双接收天线中,相比传统的方法获得近 8 dB 或 6 dB 的自适应增益.

第四章 基于 MUSIC 和神经网络的波达方向估计

4.1 引言

波达方向 DOA (Direction Of Arrival)估计在无线通信、雷达、导航、声纳超分辨等领域有着广泛的应用. 经多年来的深入研究,DOA估计理论和技术已有了很大的发展,从 Capon 的高精度极大似然法开始,DOA 估计经历了两个飞跃:Schmidt 的 MUSIC (多信号分类)算法[88]和 Roy 等人的 ESPRIT (旋转不变技术估计信号参数)算法[89]开创了本征结构法的新纪元,成为 DOA 估计中最经典、最常用的方法. 之后围绕这两种方法,国内外学者提出了许多改进方法(如root-MUSIC,TLS-ESPRIT 等),这些方法具有良好的分辨率和相对较小的计算量. 但这些传统的子空间方法都仅使用了二阶统计量(阵列协方差矩阵),并在信号模型中都假设噪声是白噪声,信号是平稳信号且信号之间互不相关,当这些假设其中之一不满足时,传统的方法估计性能迅速下降. 近年来,无线移动通信迅猛发展,多址技术日渐成熟,特别是 DS-CDMA 系统,具有抑制干扰、充分利用频率资源等特征,已得到了世界各国广泛的重视,但是,随着对系统容量要求的不断增加,PN 码频率相对增加,这就意味着相对要在更小的码片周期内完成智能天线算法的有效运算,因此,当今的需求对传统的算法提出了新的挑战. 如何将传统的算法相结合,产生更有效的算法,以尽快地应用到下一代移动通信中去,或者另辟途径,同样实现实时的算法,已是智能天线工作者一致的追求. 最近,神经网络已在信号处理方面得到广泛的应用,特别文献[90]中避开了传统的算法,已采用神经网络算法进行信号方向判断及抑制计算. 但仅适用于处理单信号源方向估计问题. 与文献[90]不同,我们建立了以高斯径向基函数作为神经元的传递函数的神经网络. 目的是利用径向基函数网络具有快速收敛、运算量小及较强的非线性逼近能力等特点. 本章首先将 MUSIC 算法作了简单的介绍,并将 MMUSIC 算法应用于智能天线设计中,提出了可采用 MMUSIC 算法对宽带相干源的 DOA 估计,建议采用求平均值的方案,以增强空间谱的平滑度. 最后,提出了用径向基(RBF)神经网络进行 DOA 估计的方法.

4.2　MUSIC 算法介绍

基于阵列的波达方向(DOA)估计方法可分四大类:
★　传统法(conventional technique).
★　子空间法(subspace based technique).
★　最大似然法(maximum likelihood technique).
★　综合法(integrated technique)——将特性恢复法和子空间法相结合的方法.

子空间法利用输入数据矩阵的特征结构,是最高分辨率的次最优方法. 最大似然是最优方案,即使在信噪比很低的环境下也能获得良好的性能,但计算量通常很大. 综合法是利用特性恢复方案区分多个信号,估计空间特征,进而采用子空间法确定波达方向[91]. 自适应阵列在定位应用中十分重要,FCC(联邦通信委员会)要求 2001 年前在无线紧急呼叫方面要达到 125 m 的定位精度[92],确定无线系统中 RF 信号的波达方向引起了人们浓厚的兴趣. 1979 年 Schmidt 提出的方法称为多重信号分类(MUSIC)算法[93],MUSIC 算法是一种信号参数估计算法,是利用输入协方差矩阵的特征结构的一种具有高分辨能力的多重信号分类技术. 假设有-元阵列,则阵列接收到的输入数据向量可以表示为 K 个入射波形与噪声的线性组合[19].

$$u(t) = \sum_{k=0}^{K-1} a(\phi_k) s_k(t) + n(t) \qquad (4.2-1)$$

$$u(t) = [a(\phi_0) a(\phi_1) \cdots a(\phi_{K-1})] \begin{bmatrix} s_0(t) \\ s_{K-1}(t) \end{bmatrix} + n(t)$$

$$= As(t) + n(t) \qquad (4.2-2)$$

式中,$s^{\mathrm{T}}(t) = [s_0(t) s_1(t) \cdots s_{K-1}(t)]$是入射信号向量,$n(t) = [n_0(t) n_1(t) \cdots n_{K-1}(t)]$是噪声向量,$a(\phi_k)$是对应于第 k 个信号的波达方向的阵列导引向量. 为了描述方便,我们可以省略 u、s 和 n 中的时间变量. 利用几何描述,可以把接收向量 u 和导引向量 $a(\phi_k)$ 看作 M 维空间的向量. 由式(4.2-2)可知,u 是阵列导引向量的某个组合,系数为 s_0,s_1,$\cdots$,s_{K-1}. 则输入协方差矩阵 R_{uu} 可以表示为

$$R_{uu} = E[uu^{\mathrm{H}}] = AE[ss^{\mathrm{H}}]A^{\mathrm{H}} + E[nn^{\mathrm{H}}] \qquad (4.2-3)$$

$$R_{uu} = AR_{ss}A^{\mathrm{H}} + \sigma_n^2 I \qquad (4.2-4)$$

式中,R_{ss}是信号相关矩阵(signal correlation matrix)$E[ss^{\mathrm{H}}]$.
R_{uu} 的特征值为 $\{\lambda_0, \cdots, \lambda_{M-1}\}$,使得

$$|R_{uu} - \lambda_i I| = 0 \qquad (4.2-5)$$

利用式(4.2-4),我们可以把它写为

$$|AR_{ss}A^{\mathrm{H}} + \sigma_n^2 I - \lambda_i I| = |AR_{ss}A^{\mathrm{H}} - (\lambda_i - \sigma_n^2) I| = 0$$

$$(4.2-6)$$

因此 $AR_{ss}A^{\mathrm{H}}$ 的特征值(eigenvalues)ν_i 为

$$\nu_i = \lambda_i - \sigma_n^2 \qquad (4.2-7)$$

因为 A 是由线性独立的导引向量构成的,因此是列满秩的,信号相关矩阵 R_{ss} 也是非奇异的,只要入射信号不是高度相关的. 列满秩的 A 和非奇异的 R_{ss} 可以保证,在入射信号数 K 小于阵列元数 M 时,$M \times M$ 的矩阵 $AR_{ss}A^{\mathrm{H}}$ 是半正定的,且秩为 K,这意味着 $AR_{ss}A^{\mathrm{H}}$ 的特

征值 ν_i 中,有 $M-K$ 个为零. 由式(4.2-7)可知,$\boldsymbol{R}_{\iota\alpha}$ 的特征值中有 $M-K$ 个等于噪声方差 σ_n^2. 然后寻找 $\boldsymbol{R}_{\iota\alpha}$ 的特征值,使 λ_0 是最大特征值, λ_0 是最小特征值,因此

$$\lambda_K,\ \cdots,\ \lambda_{M-1}=\sigma_n^2 \tag{4.2-8}$$

但实际中是使用有限个数据样本估计自相关矩阵 $\boldsymbol{R}_{\iota\alpha}$ 的,所有对应于噪声功率的特征值并不同,而是一组差别不大的值. 随着用以估计 $\boldsymbol{R}_{\iota\alpha}$ 的样本数的增加,表征它们离散程度的方差逐渐减小,它们将会转变为一组很接近的值. 最小特征值的重数 m 一旦确定,利用 $M=K+m$ 的关系,就可确定信号的估计个数 $\hat{K}$. 所以信号的估计个数由下式给出

$$\hat{K}=M-m \tag{4.2-9}$$

关于特征值 λ_i 的特征向量为 $\boldsymbol{q}_i$,满足

$$(\boldsymbol{R}_{\iota\alpha}-\lambda_i\boldsymbol{I})\boldsymbol{q}_i=0 \tag{4.2-10}$$

对于与 $M-K$ 个最小特征值相关的特征向量,则有

$$(\boldsymbol{R}_{\iota\alpha}-\sigma_n^2\boldsymbol{I})\boldsymbol{q}_i=\boldsymbol{A}\boldsymbol{R}_{ss}\boldsymbol{A}^H\boldsymbol{q}_i+\sigma_n^2\boldsymbol{I}-\sigma_n^2\boldsymbol{I}=0 \tag{4.2-11}$$

$$\boldsymbol{A}\boldsymbol{R}_{ss}\boldsymbol{A}^H\boldsymbol{q}_i=0 \tag{4.2-12}$$

因为 $\boldsymbol{A}$ 满秩,$\boldsymbol{R}_{ss}$ 非奇异,故有

$$\boldsymbol{A}^H\boldsymbol{q}_i=0 \tag{4.2-13}$$

或

$$\begin{bmatrix}\boldsymbol{a}^H(\phi_0)\boldsymbol{q}_i\\\boldsymbol{a}^H(\phi_1)\boldsymbol{q}_i\\\vdots\\\boldsymbol{a}^H(\phi_{K-1})\boldsymbol{q}_i\end{bmatrix}=\begin{bmatrix}0\\0\\\vdots\\0\end{bmatrix} \tag{4.2-14}$$

这表明与 $M-K$ 个最小特征值相关的特征向量,和构成 $\boldsymbol{A}$ 的 K 个导

引向量正交.

$$\{a(\phi_0), \cdots, a(\phi_{K-1})\} \perp \{q_K, \cdots, q_{M-1}\} \qquad (4.2-15)$$

这是 MUSIC 方法的基本结果. 通过寻找与 R_{tai} 中近似等于 σ_n^2 的那些特征值对应的特征向量最接近正交的导引向量, 可以估计与接收信号相关的导引向量. 分析表明, 协方差矩阵的特征向量属于两个正交子空间之一, 称为主特征子空间(信号子空间(signal subspace))和非主特征子空间(噪声子空间). 相应于波达方向的导引向量位于信号子空间, 因而与噪声子空间正交. 通过在所有可能的阵列导引向量中搜寻那些与非主特征向量张成的空间垂直的向量, 就可以确定 DOA、ϕ_k.

为寻找噪声子空间, 我们构造一个包含噪声特征向量的矩阵

$$V_n = (q_K q_{K+1} \cdots q_{M-1}) \qquad (4.2-16)$$

因为相应于信号分量的导引向量与噪声子空间特征向量正交, 即对于 ϕ 为多径分量的 DOA 时, $a^H(\phi)V_nV_n^Ha(\phi)=0$. 于是多个入射信号的 DOA 可通过确定 MUSIC 空间谱的峰值而作出估计, 这些峰值由

$$P_{\text{MUSIC}}(\phi) = \frac{1}{a^H(\phi)V_nV_n^Ha(\phi)} \qquad (4.2-17)$$

给出, 或者由

$$P_{\text{MUSIC}}(\phi) = \frac{a^H(\phi)a(\phi)}{a^H(\phi)V_nV_n^Ha(\phi)} \qquad (4.2-18)$$

给出 $a(\phi)$ 和 V_n 的正交性将使分母达到最小, 从而得到式(4.2-17)和式(4.2-18)定义的 MUSIC 谱的峰值. MUSIC 谱中 $\hat{K}$ 个最大峰值对应于入射到阵列上的信号的波达方向.

我们比较了 MUSIC 法和 Capon 最小方差法的分辨能力, 如图 4.2.1 所示. 该仿真结果是在两个 SNR 为 20 dB 的等功率信号分别以 80° 和 90° 入射到 4 单元等间距(等于半波长)线天线阵上获得的, 可见, MUSIC 法优于 Capon 最小方差法.

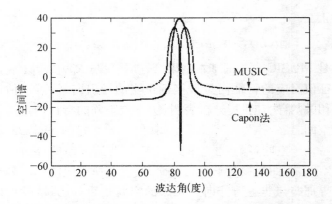

图 4.2.1 MUSIC 法和 Capon 最小方差法的分辨率能力比较

4.3 修正的 MUSIC 的仿真

在进行信号 DOA 估计的实际工程应用中,由于事先并不知被估信号源是否相关. 为此,本文提出在不影响算法对非相关源 DOA 正

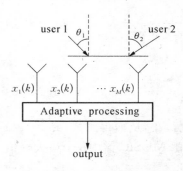

图 4.3.1 DOA 天线阵图

常估计的前提下,提高对相关信号源 DOA 估计的性能,相当于可减少相关信号源间的相关系数,这种方法在文献［94］中被称为修正 MUSIC(MMUSIC)算法. 如图 4.3.1 所示,M 个天线单元等间距 Δx 构成直线天线阵. 通过预处理,将天线接收到的信号转化为数字信号,再进行源信号到达方向(DOA)估计.

下面对 MUSIC 算法进行修正. 首先,对式(4.2-2)进行处理,令 $Y(k) = J_M u^*$,$(\cdot)^*$ 表示复共轭. J_M 是 M 阶交换矩阵,除副对角线上元素为 1 外,其余元素均为零. 且有性质 $J_M J_M = I_M$,I_M 是 M 阶的单位矩阵. 由此可得 $Y(k)$ 的相关矩阵:

$$\boldsymbol{R}_1 = E[\boldsymbol{Y}(k)\boldsymbol{Y}^{\mathrm{H}}(k)] = \boldsymbol{J}_M(\boldsymbol{A}\boldsymbol{Q}\boldsymbol{A}^{\mathrm{H}})^* \boldsymbol{J}_M + \sigma^2 \boldsymbol{I}_M = \boldsymbol{J}_M \boldsymbol{R}^* \boldsymbol{J}_M$$
$$(4.3-1)$$

定义矩阵:

$$\boldsymbol{D} = \mathrm{diag}[\,\mathrm{e}^{-j(M-1)\beta_1},\ \mathrm{e}^{-j(M-1)\beta_2},\ \cdots,\ \mathrm{e}^{-j(M-1)\beta_K}\,] \qquad (4.3-2)$$

其中 $\beta_k = \dfrac{\omega_0 \Delta x}{c}\sin\theta_k$；$\theta_k$ 是第 k 个入射信号及其波达角，ω_0 为中心频率，c 为真空中的光速，则有如下关系

$$\boldsymbol{J}_M \boldsymbol{A}^* = \boldsymbol{A}\boldsymbol{D}^* \qquad (4.3-3)$$

对非相关源，矩阵 $\boldsymbol{Q}$ 应为实矩阵，将式(4.3-3)代入式(4.3-1)，并利用对角阵乘积可交换顺序及 $\boldsymbol{D}^* \boldsymbol{D} = \boldsymbol{I}_M$ 可以得出

$$\boldsymbol{R}_1 = \boldsymbol{A}\boldsymbol{Q}\boldsymbol{A}^{\mathrm{H}} + \sigma^2 \boldsymbol{I}_M = \boldsymbol{R} \qquad (4.3-4)$$

由此可以获得修正后的相关阵 $\boldsymbol{R}_M$

$$\boldsymbol{R}_M = \boldsymbol{R} + \boldsymbol{R}_1 = \boldsymbol{R} + \boldsymbol{J}_M \boldsymbol{R}^* \boldsymbol{J}_M \qquad (4.3-5)$$

显然，对 $\boldsymbol{R}$、$\boldsymbol{R}_1$ 或 $\boldsymbol{R}_M$ 进行特征分解，且用 MUSIC 算法进行信号 DOA 估计，会得出同样的结果. 但快拍数较少时，由于 $\boldsymbol{R}$、$\boldsymbol{R}_1$ 是用有限次快拍的数据进行估计的，存在估计误差，而用 $\boldsymbol{R}_M$ 进行信号估计，具有平均意义，可以提高信号 DOA 估计的性能. 分解修正后的相关阵 $\boldsymbol{R}_M$，用 MUSIC 算法获得新的噪声子空间矩阵，根据(4.2-18)式获得更为精确的信号源的方向信息.

采用元距 $d=\lambda/2(\lambda$ 为真空中波长)的 8 元均匀线阵天线，假设有两个信号源，入射方向为 $30°$ 和 $45°$，信噪比均为 10 dB. 智能天线能够由上行链路对接收到的信号进行方向估计，我们的仿真结果如图 4.3.2 所示，是采用两种算法(MUSIC 及 MMUSIC)对波达方向估计的对比. 可见，MMUSIC 采用的算法精度要高于常用的 MUSIC 算法.

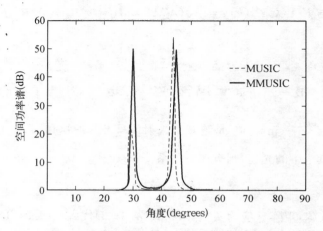

图 4.3.2   两种方法的 DOA 比较

4.4   MMUSIC 算法用于宽带源相干源波达方向的估计

无线通信技术的不断发展,扩频信号、线性调频信号等宽带信号在通信系统中的应用越来越多. 对宽带信号的方向估计显得更为实际. 宽带信号方向估计算法通常采用最大似然方法和信号子空间方法[95~98]. MMUSIC 算法数据重构的实质是前后空间平滑[99]中取子阵元数与总阵元数相等,空间平滑方法能够解决相干源问题. 根据这一思想,本文将 MMUSIC 算法用于宽带相干源的 DOA 估计.

4.4.1   建立模型

有 L 个宽带源,采用 M 元均匀线阵,元距为信号中心频率 f_0 的半个波长. 假设信源为零均值的平稳高斯随机信号,各信号带宽 B 相同,加性噪声与源信号具有相同的带宽,且与信号互不相关.

阵列输出的频域向量为

$$\boldsymbol{u}(f_p) = \boldsymbol{A}(f_p)\boldsymbol{S}(f_p) + \boldsymbol{N}(f_p) \qquad (4.4-1)$$

$$p = 1, 2, \cdots, P$$

为把带宽 B 分解为 P 个互不重叠的子带数,其中,$u(f_p)$ 为 $M \times 1$ 的接收信号向量,$S(f_p)$ 为 $L \times 1$ 的向量,$N(f_p)$ 为 $M \times 1$ 的向量,$A(f_p)$ 是 $M \times L$ 的矩阵,表示频率为 f_p 处的阵列流形.

用 MMUSIC 算法对接收数据进行共轭重构

$$Y = Ju^*(f_p) \tag{4.4-2}$$

式中"$*$"表示复共轭,J 为 $M \times M$ 交换矩阵. 则 Y 的谱密度矩阵为

$$R_Y(f_p) = E[Y(f_p)Y^H(f_p)] = JR_u^*(f_p)J \tag{4.4-3}$$

同样的方法,R_u 与 R_Y 之和得到共轭重构后的谱密度矩阵

$$
\begin{aligned}
R &= R_u(f_p) + R_Y(f_p) \\
&= A(f_p)R_s(f_p)A^H(f_p) + \\
&\quad J[A(f_p)R_s(f_p)A^H(f_p)]J + \\
&\quad 2\sigma_n^2(f)I
\end{aligned}
\tag{4.4-4}
$$

若向量 v 是矩阵 $A(f_p)R_s(f_p)A^H(f_p)$ 的零特征值对应的特征向量,则 v 一定是矩阵 $J[A(f_p)R_s(f_p)A^H(f_p)]J$ 的零特征值对应的特征向量[98],因此谱密度矩阵 R_u、R_Y 和 R 具有相同的噪声子空间. 对 R 进行特征分解,其特征值和对应的阿特征向量分别为 $\lambda_1 \geq \lambda_2 \geq \cdots \lambda_M > 0$ 和 $v_1, \cdots, v_M$. 在每个窄带上使用新的噪声特征向量构造 MUSIC 空间谱

$$P_p(\theta) = \sum_{p=l+1}^{M} \left\| a^H(f_p, \theta)v_p(f_p) \right\|^2 \tag{4.4-5}$$

$$p = 1, 2, \cdots, P$$

为了增强空间平滑度,将空间谱求平均,代入谱估计,然后进行信号方向估计:

$$P(\theta) = 1/\frac{1}{P}\sum_{p=1}^{P}P_p(\theta) \qquad (4.4-6)$$

4.4.2 数值模拟

设 $M=6$,宽带阵为均匀线天线阵,阵元间距为信号中心频率对应的半个波长,子阵元数与原阵元数相同. 各信号具有相同的中心频率,相对带宽为 40%. 实验中接收信号被分解为 45 个独立频率分量,每个频率点的快拍数为 120. 三个等功率信号源入射方向分别为 $-65°$、$-55°$、$20°$,信噪比均为 15 dB,其中前两个信号源相干. 图 4.4.1 为本文方法与文献[73]方法得到的空间角谱的比较,实线是本文方法的结果,由图可以看出,进行数据阵共轭重构的算法可以很好地得到相干源的 DOA 估计,而文献[73]的方法只能正确估计出 $20°$的信号源的波达方向.

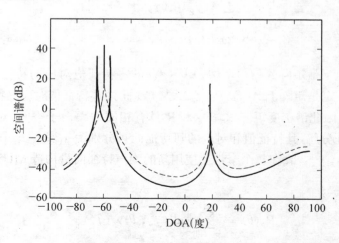

图 4.4.1 两种方法的方向估计

4.5 基于神经网络的 DOA 估计

随着 CDMA 技术的日益成熟,通信容量的不断增加,急需要快速、实时、简便的算法,MMUSIC 及 MUSIC 算法,虽然在雷达、定位技术[67]已得到了广泛的应用,但将其用于新一代移动通信中,尚需做大量的工作,基于这一点,将神经网络方法用于 DOA 估计,方法简要如下.

4.5.1 聚类方法

利用神经网络的智能天线,这里选用三层神经网络,由输入层、隐层、输出层组成(参看本文第六章). 为了提高波达方向估计的精度,将输入层与隐层间的权值不再设为 1,将其进行训练,该网络分两步设计,第一步是采用非监督式的学习训练 RBF(径向基函数)层的权值,RBF 层的权值训练是通过不断地使 $w_{ij} \rightarrow F_j^i$ 的训练,使该层在每个 $w_{ij} \rightarrow F_j^i$ 处使 RBF 的输出为 1,从而当网络工作时,将任一输入送到这样一个网络时,每个神经元都将按照输入矢量接近每个神经元的权值矢量的程度来输出其值. 结果是,与权值相离很远的输入矢量使 RBF 层的输出接近 0,这些很小的输出对后面的线性层的影响可以忽略. 另外,任意非常接近输入矢量的权值,RBF 层将输出接近 1 的值. 此值将与第二层的权值相乘求和后作为网络的输出,而整个输出层是 RBF 层输出的加权求和. 只要 RBF 层有足够的神经元,一个 RBF 网络可以任意期望的精度逼近任何函数.

为了提高该网络的泛化力,RBF 层采用聚类方法,数据点 F^i 处的密度指标定义为:

$$\rho_i = \sum_j^m \exp\left[\frac{\left\| F^i - F^j \right\|^2}{(A/2)^2} \right] \quad (4.5-1)$$

A 是一个正数,半径 A 定义了该点的一个邻域,半径以外的数据点的密度指标贡献甚微, m 是样本总数. 如果一个数据点具有多个邻近的数据点, 则该数据具有高密度值. 在计算每个数据点的密度指标后, 选择具有最高密度指标的数据点为第一个聚类中心, 令 F_{C1} 为选中的点, ρ_{C1} 为其密度指标. 每个数据点 F^i 的密度指标可用公式

$$\rho_i = \rho_i - \rho_{C1} \sum_{j}^{m} \exp \frac{\left\| F^i - F^j \right\|^2}{(C/2)^2} \qquad (4.5-2)$$

来修正. C 是一个正数. 靠近第一个聚类中心 ρ_{C1} 的数据点的密度指标将显著减小, 这样使得这些点不太可能成为下一个聚类中心. 常数 C 定义了一个密度指标显著减小的邻域, 这里选 $C=1.5$ A. 修正了每个数据点的密度指标后, 选定下一个聚类中心, 再次修正数据点的所有密度指标. 该过程不断重复, 直到如下聚类中止判据成立

$$\rho_{\max}/\rho_{C1} < \varepsilon \qquad (4.5-3)$$

终止判据的物理意义是当前最高密度值同初始最高密度值比非常小, 也即当前聚类中心包含极少数据点时, 则可以忽略该聚类中心, 结束聚类. 对(4.2-4)式的协方差矩阵 $\boldsymbol{R}_{uu}$ 作如下处理: 由于考虑到 $\boldsymbol{R}_{uu}$ 是厄米(Hermite)阵, 元素与 $\boldsymbol{R}_{uu}(i, j)$ 与 $\boldsymbol{R}_{uu}(j, i)$ 的信息相同, 而对角元素又不包含信号方向信息, 因此本文仅考虑上三角部分的元素.

4.5.2 网络训练[100]

采用训练步骤如下:

(1) 如果是单源信号, 在 $[-90°, 90°]$ 范围内, 形成个输入输出向量对: $[F; 1]$ 及 $[F; 0]$. 1 表示有信号, 0 表示无信号.

(2) 如果有两个信号源, 在 $[-90°, 90°]$ 范围内, 同样形成个输入输出向量对: $[F; 1]$ 及 $[F; 0]$. 且 1 表示有信号, 0 表示无信号. 两信号源分别以 2°; 5°; 10°; 15°; 20°; 25°; 30°间隔进行训练. 如: 以 2°间隔为例, 训练源角度范围为:

[−90°，−98°]，[−99°，−97°]，…，[98°，90°].产生输入输出对.

（3）用最小二乘法在隐藏层与输出层间进行加权修正：

$$\boldsymbol{W}(k) = \boldsymbol{W}(k-1) + \boldsymbol{K}(k)\big[\boldsymbol{D}(k) - \boldsymbol{G}^{\mathrm{T}}(k)\boldsymbol{W}(k-1)\big]$$

$$\boldsymbol{K}(k) = \boldsymbol{P}(k-1)\boldsymbol{G}(k)\big[\boldsymbol{G}^{\mathrm{T}}(k)\boldsymbol{P}(k-1)\boldsymbol{G}(k) + \mu\boldsymbol{I}\big]^{-1}$$

$\boldsymbol{P}(k) = (1/\mu)\big[\boldsymbol{I} - \boldsymbol{K}(k)\boldsymbol{G}^{\mathrm{T}}(k)\big]\boldsymbol{P}(k-1)$，$0 < \mu \leqslant 1$ 是遗忘因子 $\boldsymbol{D}(k)$ 期望输出 $\boldsymbol{P}$ 误差相关矩阵，通常取 $\boldsymbol{P}(0) = a^2\boldsymbol{I}$，$a$ 是足够大的数，$\boldsymbol{I}$ 是单位矩阵.

经训练的网络具有一定的泛化能力. 即当输入为训练未提供的数据时，网络有能力辨识，使训练好的网络在训练范围内对训练时没有出现的输入信号有较好的预测能力.

4.5.3 模拟结果

对单个期望信号我们模拟的图像见图 4.5.1 所示，入射方向为 30°，信噪比为 10 dB.仿真得出估计的波达方向，可见这是一个较为理想的结果. 在如图 4.5.2 中，模拟了两期望信号的情况，信噪比均为 10 dB，方向分别为 20°；42°，也就是说这两信号源的间隔为 22°，而在这个源角度间隔上没有事先参与网络训练，我们看到仿真结果仍较为理想，表明了该网络具有一定的泛化能力. 表 4.5.1 给出了几种网络完成以上同样的任务的性能比较，由此可以看出 RBF 网络具有较快的处理速度.

表 4.5.1　实验结果对比

算法/网络	时间(s)	循环次数	浮点操作次数
标准 BP 法	15.46	1 200	5 756 387
快速 BP 法	0.92	36	183 606
RBF 网络	0.42	5	32 576

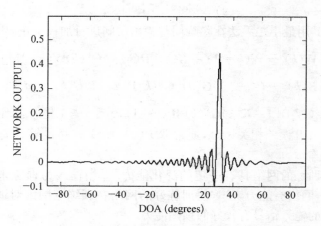

图 4.5.1　8 元线天线阵单个期望信号方向估计

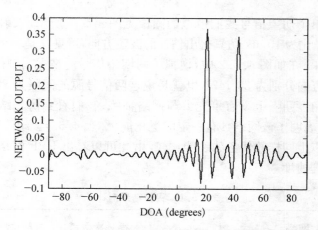

图 4.5.2　8 元线天线阵两个期望信号方向估计

4.6　小结

本章回顾了传统的 DOA 算法，并给出了 MUSIC 算法和 Capon

算法性能模拟比较结果,提出了修正的进行 DOA 估计,获得了较为理想的性能. 提出用修正的 MUSIC 算法处理宽带相干源波达方向的估计,并与文献中的方法模拟比较. 最后,提出用神经网络方法,获得的模拟结果表明,在没有训练过的角度上,也能获得较理想的结果,说明了该网络有较强的泛化力,因此神经网络方法是 DOA 估计的又一新途径.

第五章　基于神经网络的噪声消除和盲信号分离

5.1　引言

　　20世纪80年代初,J. Hopfield[101]的工作直接地激发了人们对人工神经网络的研究热情. Hopfield将神经网络的理论分析与平衡态统计力学与动力系统稳定性分析方法相结合,明确地指出,具有对称联结的网络的长期行为和像自旋玻璃那样的磁系统的平衡态特性是等价的. 在系统的动态稳定的位形上可以存储信息. 尤其是他阐明了怎样利用这种等价性来设计神经回路以实现联想记忆、组合优化等计算任务. 随后,Hinton和Se-jnowski把Hopfield模型加以推广. 这实际上是带有隐节点的适应性Hopfield网络. 之后,更多的人投入到这一研究上,1986年,D. E. Rumelhart等提出了广义Delta规则,为多层感知机找到了一个有效的学习算法,从而把人工神经网络的研究进一步推向深入. 神经网络是一门活跃的边缘性交叉学科. 研究它的发展过程和前沿问题,具有重要的理论意义. 神经网络理论是巨量信息并行处理和大规模平行计算的基础,神经网络既是高度非线性动力学系统,又是自适应组织系统,可用来描述认知、决策及控制的智能行为. 它的中心问题是智能的认知和模拟. 从解剖学和生理学来看,人脑是一个复杂的并行系统,它不同于传统的计算机,更重要的是它具有"认知""意识"和"感情"等高级脑功能. 我们以人工方法模拟这些功能,毫无疑问,有助于加深对思维及智能的认识. 人工神经网络理论与应用的研究异常迅速,神经网络是一个非线性自适应动力学系统,具有强容错性及巨量并行性,能以极快的速度来求解复杂的问题. 它的自适应、自组织、自学习的能力, 在信号处理[102]、自适应除噪[103]、自适应滤波[104]及多用户检测[105,106]等方面展示了诱人的应用前景. 本文意图将神经网络方法应用于智能天线系统, 在这方面的应用已有了相关的报道, [107]和[42]中避开了传统的算法, 已采用神经网络算法进行信号到达方向估计与干扰抑制, 文献[108]采用了 Hopfield 网络用于天线阵. 本文采用了神经网络处理噪声对消、盲信号分离等, 并提出建立以径向基函数(RBF)作为神经元节点的神经网络进行自适应波束形成及波达方向估计, 目的是利用径向基函数网络具有快速收敛、运算量小及较强的非线性逼近能力等特点. 同时为了提高神经网络的泛化力, 提出用在线学习的网络用于智能天线系统, 仿真结果表明, 神经网络用于智能天线系统是一新兴而有广阔前景的研究方向, 特别是处理非线性噪声的情况时, 更显示其独特优势.

5.2　基于神经网络的非线性噪声消除

当作噪声消除处理时, 噪声无法直接测量, 通常的做法是将参考噪声看作是已知噪声的线性变换, 但在实际通信环境中, 很少是线性变换, 多数是非线性变换. 若采用线性滤波器处理, 难以获得预期的信号, 且为了达到足够的精度, 估计的权系数的维数将呈指数性增大. 神经网络来处理这类非线性问题, 具有独特的优势, 由于神经网络具有较强的非线性逼近能力. 特别是径向基神经网络, 相比 BP 网络有较强的非线性能力及快速的收敛性能. 本节给出一噪声消除的实例. 假设主信道噪声为 n_1, 参考噪声为 n_2, n_2 可以通过关于 n_1 的非线性变换得到, 这种变换关系用 $T(\cdot)$ 表示. 期望信号 s, 用 n_2 逼近 n_1, 得到估计值 $\hat{n}_2$, 将获得的测量信号值:

$$d = S + n_1 \qquad (5.2-1)$$

二者相减即可获得期望信号的估计值 e ($e = d - \hat{n}_2$), 这就是消噪基本原理. 神经网络消噪原理图如图 5.2.1 所示：

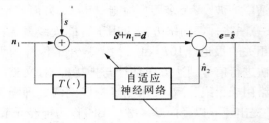

图 5.2.1 自适应神经网络消噪原理

假设信号是单位幅度的正弦波 $s = \sin(4\pi t)$，主信道噪声 n_1 为均匀分布的白噪声. 参考噪声为主信道噪声的非线性变换, 变换式为：

$$n_2 = 4n_1 \cdot \sin(n_1) \qquad (5.2-2)$$

我们已基于上述原理作了数值模拟. 图 5.2.2 给出期望信号、主信道噪声及参考信号的模拟图, 图 5.2.3 所示为被噪声污染了的观测信号 d 及由神经网络获得的估计参考噪声 $\hat{n}_2$, 图 5.2.4 给出了两种方案获

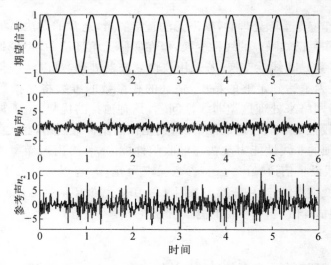

图 5.2.2 期望信号及噪声

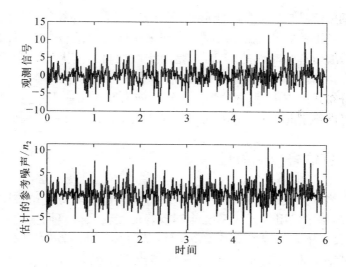

图 5.2.3 观测的信号及估计的参考噪声

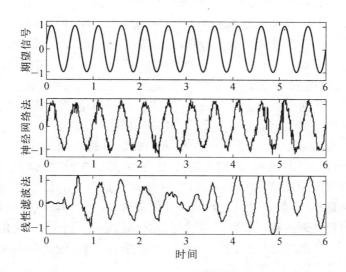

图 5.2.4 两种方案获得的期望信号

得的期望信号与原信号的波形比较,可以看出,由神经网络方法获得的信号波形较好地与原信号相符,而采用线性自适应滤波器法获得的信号波形有间断性的畸变,这是由于线性自适应无法完全滤除非线性噪声,需要一段自适应过程. 而训练学习后的神经网络,信息储存在分布式的权中,具有较强的非线性能力及纠错能力. 这也是近几年神经网络引起人们广泛研究的一个重要方面.

5.3 盲信号分离原理

在当今无线通信系统中,多个发射设备建立了与基站之间的无线连接,基站采用多天线系统能够较好地接收及分离同信道的多用户信号. 由于多径传播及多普勒频移,基站接收到的发射信号在时间上及频率上发生交错,这时要求分离出多个发射信号[109]. 自文献[110]的开创性工作以来,盲信号分离算法已经逐渐成为信号处理的研究热点之一,盲源分离[111]问题即是在没有其他背景知识的条件下仅根据观测信号来求得源信号. 对于此类问题现已有各种不同的近似求解方法[112],如独立分量分析(Independent Component Analysis, ICA)方法[113~115]、扩展信息最大化方法、统计高阶矩分离法、神经网络盲分离法、投影追求指数法等. 盲源分离可广泛应用于通信、图象处理和生物医学等方面信号的处理,它在无线通信、阵列信号处理和生物医学信号处理等方面有着广泛的应用前景[116].

在盲信号分离中,常常将网络输出的信号两两相互独立作为信号分离(恢复)的准则. 由信息论可知,如果随机变量之间相互独立,则它们之间的互信息量为零. 盲信号分离就是恢复的信号之间的互信息量最小,也就是它们之间的统计依赖最小. 神经网络法一般要经一预白化处理过程,观测信号经过预白化处理后,得到的白化信号已经没有二阶的统计信息. 然后调整分离网络权值 W,使得分离网络的输出分量之间尽可能独立.

问题描述假设有 m 个源信号 $s_1(t)$, $\cdots$, $s_m(t)$,在每一时间点 t

上都是彼此统计独立的,这些源信号经过未知的信道后混合在一起,假设混合过程是线性的. 考虑有 n 个传感器上得到观测信号为: $x_1(t)$, $\cdots$, $x_n(t)$. 观测信号与源信号之间的线性关系表示为:

$$x_i(t) = \sum_j^m a_{ij}s_j(t) \qquad (5.3-1)$$

可用矩阵和向量表示为:

$$\boldsymbol{x}(t) = A\boldsymbol{s}(t) \qquad (5.3-2)$$

式中 $x(t)=[x_1(t), \cdots, x_n(t)]^{\mathrm{T}}$, $s(t)=[s_1(t), \cdots, s_m(t)]^{\mathrm{T}}$, $\boldsymbol{A}$ 是一个列满秩的 $n \times m$ 混合矩阵,表示信道参数,其中的各元素为未知的混合系数. 在无线信道中,常表示为卷积形式:

$$\boldsymbol{x}(t) = \boldsymbol{h}(t) \otimes \boldsymbol{s}(t) \qquad (5.3-3)$$

其中 $\boldsymbol{h}(t)$ 为信道冲激响应函数,$\otimes$ 表示卷积运算.

信源信号 $\boldsymbol{s}(t)$ 和参数矩阵 $\boldsymbol{A}$ 或参数矢量 $\boldsymbol{h}(t)$ 都是未知的,而观测信号 $\boldsymbol{x}(t)$ 已知,盲信源分离问题就是如何由 $\boldsymbol{x}(t)$ 来求得源信号 $\boldsymbol{s}(t)$,其实质就是要确定一个 $m \times n$ 的分离矩阵 $\boldsymbol{W}(t)$,使其输出:

$$\boldsymbol{y}(t) = \boldsymbol{W}(t)\boldsymbol{x}(t) \qquad (5.3-4)$$

$\boldsymbol{y}(t)$ 由算法来逼近源信号的估计 $\hat{s}(t)$,在神经网络结构中,$\boldsymbol{y}(t)$ 是网络的输出向量,$\boldsymbol{W}(t)$ 是输入与输出层间的权矩阵. 在系数矩阵 $\boldsymbol{A}$ 和信号源未知的前提下,从观测信号 $\boldsymbol{x}$ 中分离出信号源 $\boldsymbol{s}$ 的各分量,也就是需要寻找一分解矩阵 $\boldsymbol{W}$ 对观测信号 $\boldsymbol{x}$ 进行分离,如下式表示:

$$\hat{s} = \boldsymbol{W}\boldsymbol{x} \qquad (5.3-5)$$

分离效果取决于 $\hat{s}$ 对源信号 $\boldsymbol{s}$ 的逼近程度. 我们唯一能够利用的信息是各信号源是相互独立的. 因此,目标函数应定义为对所分离的各分量之间独立程度的量度. 已经证明[98],当源信号中的 Gaussian 信号多于一个时,则不能将它们分离. 因此,我们考虑的源信号最多只有一个是 Gaussian 分布,同时作如下假设:

(1) 独立源中不能超过一个高斯信号源.

(2) 观测信号数目不能小于独立信号源数,即 $n \geqslant m$. 下面只考虑 $n = m$ 的情况.

由中心极限定理可知,若随机量 x 由许多相互独立的随机量之和组成,只要各独立的随机量具有有限的均值和方差,则无论各独立随机量为何种分布,则 x 必接近高斯分布. 由此可以推断,(5.3-1)式中的观测信号 x_i 较之 s_i 更接近高斯分布. 即 s_i 比 x_i 的非高斯性更强. 将(5.3-2)式代入(5.3-5)式,并令 $D = W^{\mathrm{T}} A$ 则

$$\hat{s} = Wx = WAs = Ds \qquad (5.3-6)$$

设 $d_i = (d_{i,1}, d_{i,2}, \cdots, d_{i,m})$ 是矩阵 D 的某一行,得:

$$\hat{s_i} = d_i s = \sum_{j=1}^{m} d_{i,j} s_j \qquad (5.3-7)$$

式(5.3-7)中,理想的最终分离结果是行向量 d_i 中只有一个不为零的系数 $d_{i,j}$,而其他系数均为零(或者非常小),可得$\hat{s} = d_{i,j} s_j$,由此我们可以在分离过程中测量$\hat{s}$的非高斯性,当非高斯性度量达到最大时,各独立分量完成分离. 本文采用随机量信息熵的计算来实现对随机量非高斯程度的度量. 设一随机量 y 的概率密度函数为 $p(y)$,则熵的定义[117]

$$H(y) = -\int p(y) \log p(y) \mathrm{d}y \qquad (5.3-8)$$

由信息理论知,具有相同方差的随机变量中,高斯分布的随机变量具有最大的信息熵. 非高斯性越强,信息熵越小. 基于(5.3-8)式的一种较合理的非高斯性度量函数

$$N_g(y) = H(y_{\mathrm{gauss}}) - H(y) \qquad (5.3-9)$$

其中 y_{gauss} 是一与 y 具有相同方差的高斯分布的随机量,由(5.3-9)式可得,当 y 具有高斯分布时,$N_g(y) = 0$,y 的非高斯性越强,$N_g(y)$ 值越大. 实际应用中,由于(5.3-9)式的计算需要知道概率密度分布

函数,这显然是不切实际的.因此实际计算时,常常采用一种近似公式进行非高斯性度量.如下式所示:

$$N_g(y) \approx \left[E\{G(y)\} - E\{G(y_{\text{gauss}})\} \right]^2 \qquad (5.3-10)$$

其中 $G(\cdot)$ 常取为

$$G_1(u) = \frac{1}{a_1} \log \cos(a_1 u) \qquad (5.3-11)$$

$$G_2(u) = -\exp(-u^2/2) \qquad (5.3-12)$$

$1 \leqslant a_1 \leqslant 2$($a_1$ 一般可取 1).不难理解,(5.3-10)式同样可以实现对非高斯性的度量,且可用于实际计算.

盲分离的许多方法都是设计一个合适的网络模式,然后设计合适的代价函数(又称比较函数或能量函数等),从全局角度来优化该函数,以保证输出信号尽可能相互独立而得到分离的结果.神经网络在盲分离中采用的结构主要有前馈网络、反馈网络和混合式 3 种形式.

5.4　基于神经网络的盲信号分离

如图 5.4.1 所示,整个盲分离神经网络可分三层,第一层测量信号输入,第二层实现测量信号的预白化功能,第三层将白化信号分离为独立信号.

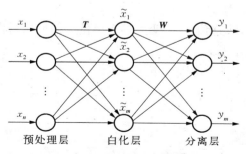

图 5.4.1　盲分离神经网络

5.4.1　信号的白化处理

预白化过程在大规模的信号处理中十分有效,如果没有预白化过程,有时候信号则不能很好地分离[118]. 处理方法如下,设 T 为一线形变换,$\widetilde{X} = TX$. 如果 $\widetilde{X}$ 的协方差矩阵 $C_{\widetilde{x}}$ 为单位矩阵,即

$$C_{\widetilde{x}} = E(\widetilde{X}\,\widetilde{X}^{\mathrm{T}}) = I \tag{5.4-1}$$

则 T 为白化矩阵. 这样,向量 $\widetilde{X}$ 的各个分量之间是不相关的,并且它们具有单位方差. 白化矩阵 T 的求解可通过对 X 协方差矩阵 $C_x = E(XX^{\mathrm{T}})$ 的对角化来实现. 因 C_x 是实对称矩阵,由矩阵分析理论可知,必存在一正交矩阵 E,使 $\widetilde{X}$ 的协方差矩阵 $C_{\widetilde{x}}$ 对角化,即:

$$C_{\widetilde{x}} = EC_x E^{\mathrm{T}} = \Xi \tag{5.4-2}$$

其中: E 的行向量是 C_x 的特征向量,Ξ 是由 C_x 的特征值 λ_i 组成的对角矩阵. 即

$$\Xi = \mathrm{diag}(\lambda_1, \cdots, \lambda_n) \tag{5.4-3}$$

白化矩阵 T 则可表示为:

$$T = E\Xi^{-\frac{1}{2}}E \tag{5.4-4}$$

经白化处理后,观察信号 X 变为具有单位方差的信号向量 $\widetilde{X}$,且 $\widetilde{X}$ 中各信号分量相互正交.

自适应白化学习准则由下式表示[119]:

$$T(t+1) = T(t) + \eta(t)\left[I - \widetilde{x}(t)\,\widetilde{x}^{\mathrm{T}}(t)\right] \tag{5.4-5}$$

或者

$$T(t+1) = T(t) + \eta(t)\left[I - \widetilde{x}(t)\,\widetilde{x}^{\mathrm{T}}(t)\right]T(t)$$

5.4.2　分离层权调整

令 w_i 为矩阵 $\boldsymbol{W}$ 的某一列向量,其对应于 $\boldsymbol{S}$ 中的一分量为 s_i. 根据(5.3-10)式所定义的目标函数,利用梯度下降法实现从观测信号 $\widetilde{X}$ 分离出某一独立分量 $\hat{s}_i$. 具体步骤如下:

(1) 利用一随机向量初始化 w_i,设置收敛误差标准 $0 < \varepsilon \leqslant 1$.

(2) 用梯度下降法调整 w_i,即:

$$w_i(n+1) = E\{\widetilde{X}G'(w_i(n)\widetilde{X})\} - E\{G''(w_i^{\mathrm{T}}(n)\widetilde{X})\}w_i(n) \tag{5.4-6}$$

(3) 归一化: $w_i(n+1) = w_i(n+1) / \| w_i(n+1) \|$

(4) 如果 $\| w_i(n+1) - w_i(n) \| < \varepsilon$ 或 $\| w_i(n+1) + w_i(n) \| < \varepsilon$ 结束,否则,返回第(2)步.

对于所有的独立分量,可重复使用上述过程. 每提取出一个独立分量后,要从观测信号中减去这一独立分量. 如此重复,直至所有独立分量完全分离.

5.4.3　仿真结果

考虑 $n = m = 3$ 的情况,如图 5.4.2 所示,我们获得了三个观测信号,由本文的方法较好地将测量信号分离为锯齿波、方波及 Gaussian 信号,如图 5.4.3 所示,由仿真结果表明神经网络具有较强的非线性逼近能力,验证了该方法的有效性.

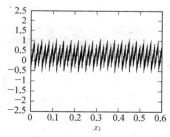 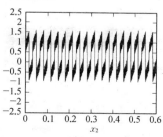

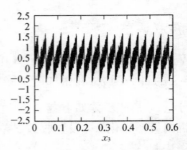

图 5.4.2　获得的三个观测信号

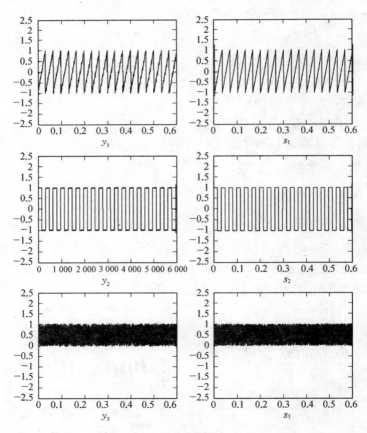

图 5.4.3　三种波形的分离效果

5.5 小结

本文采用神经网络进行了噪声消除、盲信号分离的理论分析及仿真,首先采用了预白化处理,仿真结果表明:神经网络方法在盲信号分离上有较强的逼近能力.

第六章　基于神经网络方法波束形成的研究

6.1　引言

　　本章提出建立以径向基函数(RBF)作为神经元节点的神经网络,进行自适应波束形成[120]. 目的是利用径向基函数网络具有快速收敛、运算量小及较强的非线性逼近能力等特点. 且对接收信号相关阵的元素进行预处理,仅考虑其中的部分元素作为网络输入,减小了计算量,提高了计算速度. 下面先介绍理论模型,然后给出数值仿真结果.

6.2　基于神经网络方法的盲波束形成

6.2.1　理论模型

　　如图 6.2.1 所示,M 个天线单元以等间距 d 构成直线天线阵,信

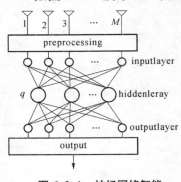

图 6.2.1　神经网络智能天线结构图

号经过预处理后输入 RBF 网络,该网络是由 Powell[121] 等人提出的仅含单个隐层的前向神经网络,其拓扑结构为图 6.2.1 所示的天线阵下面相连的部分,由输入层、输出层和隐层三层组成,其权系数只在隐层至输出层存在. 整个隐层上的每个节点有一个非线传递性函数与之对应,该传递函数具有中心轴对称的特点,这也是径向基名称的由来. 隐层上的传递函数为高斯

径向函数[122]：

$$G(x) = \exp(-x^2/\sigma^2) \qquad (6.2-1)$$

式中 σ 是径向基函数的宽度. 输入层与隐层之间只进行数据输入输出层输出最优权进行波束赋形. 假设来自空间有 $K(K<M)$ 个窄带信号,天线阵接收到的信号为：

$$x_m(t) = \sum_{k=1}^{K} s_k(t)\mathrm{e}^{-j(m-1)P_k} + n_m(t) \qquad (6.2-2)$$

$$m = 1, 2, \cdots, M$$

式中

$$P_k = \frac{\omega_0 d}{c}\sin\theta_k \qquad (6.2-3)$$

S_k 及 θ_k 分别是第 k 个入射信号及其波达角, ω_0 为中心角频率, c 为波速, $n_m(t)$ 是第 m 阵元的零均值的高斯白噪声. 也可将(6.2-2)式表示为矩阵形式：

$$\boldsymbol{X}(t) = \boldsymbol{AS}(t) + \boldsymbol{N}(t) \qquad (6.2-4)$$

式中

$$\boldsymbol{X}(t) = \begin{bmatrix} x_1(t) & x_2(t) & \cdots & x_M(t) \end{bmatrix}^\mathrm{T} \qquad (6.2-5)$$

$$\boldsymbol{N}(t) = \begin{bmatrix} n_1(t) & n_2(t) & \cdots & n_M(t) \end{bmatrix}^\mathrm{T} \qquad (6.2-6)$$

$$\boldsymbol{S}(t) = \begin{bmatrix} s_1(t) & s_2(t) & \cdots & s_K(t) \end{bmatrix}^\mathrm{T} \qquad (6.2-7)$$

$$\boldsymbol{A}(t) = \begin{bmatrix} a_1(t) & a_2(t) & \cdots & a_K(t) \end{bmatrix} \qquad (6.2-8)$$

$$\boldsymbol{a}(\theta_k) = \begin{bmatrix} 1 & \mathrm{e}^{-jP_k} & \mathrm{e}^{-j2P_k} & \cdots & \mathrm{e}^{-j(M-1)P_k} \end{bmatrix} \qquad (6.2-9)$$

为了有效抑制干扰及噪声,将每个天线阵元上获取的信号加权求和,使期望信号方向上的增益最大,即波束形成：

$$Y(t) = \sum_{i=1}^{M} w_i^* x_i(t) = \boldsymbol{W}^{\mathrm{H}} \boldsymbol{X}(t) \qquad (6.2-10)$$

$$\boldsymbol{W} = [w_1, w_2, \cdots, w_M]^{\mathrm{T}} \qquad (6.2-11)$$

式中 T 表示转置,$*$ 表示复共轭,$\boldsymbol{W}$ 是权向量.

在天线阵的预处理中,首先计算获取数据相关阵:

$$\boldsymbol{R} = E\{\boldsymbol{X}(t)\boldsymbol{X}(t)^{\mathrm{H}}\}$$

$$= AE[\boldsymbol{S}(t)\boldsymbol{S}(t)^{\mathrm{H}}]\boldsymbol{A}^{\mathrm{H}} + E[\boldsymbol{N}(t)\boldsymbol{N}(t)^{\mathrm{H}}] \qquad (6.2-12)$$

由此获得一个 $M \times M$ 维矩阵,$E(\cdot)$ 表示统计平均值,H 表示共轭转置. 接收信号的处理主要是对信号相关阵的处理,因为相关矩阵中包含了入射信号的所有信息,由于 $\boldsymbol{R}$ 是厄米(Hermite)阵,因此 $\boldsymbol{R}(i, j)$ 与 $\boldsymbol{R}(j, i)$ 的信息相同. 这样可以从 $\boldsymbol{R}(M \times M)$ 复矩阵提取 $M(M-1)/2$ 个有效元素. 考虑到天线接收的并非理想的窄带信号,提取出来的元素必须按实部和虚部分成两个元素,这样向量 $\boldsymbol{F}$ 形成了包含 $M(M-1)$ 个实数的向量,而后要对 $\boldsymbol{F}$ 归一化处理. 考虑到信号相关阵的对称性质,本文只采用相关阵的上三角部分的元素. 假设我们得到归一化后的这个向量为:

$$\boldsymbol{F} = [F_1, F_2 \cdots F_L] \qquad (6.2-13)$$

$l=1, 2, \cdots, L$,L 是最大向量个数. 这样进入神经网络输入层的是新定义的向量,而不是相关阵的全部元素,因此,计算量降低. 当数据由输入层靠近隐层时,隐层径向基函数被激活. 输出端需要逼近的非线性量是时变的权向量. 也就是说该神经网络是实现由 $\boldsymbol{F}$ 到权向量 $\boldsymbol{W}$ 的映射. 若隐层节点和输出层的节点分别为 P 和 Q 个,则该网络完成如下非线性映射[120].

$$W_q = \sum_{p=1}^{P} H_{qp} G_p(\|\boldsymbol{F} - \boldsymbol{C}_p\|) \qquad (6.2-14)$$

其中 $p=1, 2, \cdots, P; q=1, 2, \cdots, Q.$ H_{qp} 是隐层第 p 个节点与输出

层第 q 个节点的连接权值, C_p 是高斯函数中心, $\|\cdot\|$ 是欧氏范数. 为了获得网络输出的权向量的函数式,本文采用线性约束最小方差波束合成器(LCMV)算法,它满足下列约束条件:

$$\begin{cases} \min\limits_{W} \quad P(W) = \min\limits_{W}(W^H R W) \\ D^H W = b \end{cases} \tag{6.2-15}$$

其中 D 是导向矩阵, b 是约束 $m \times 1$ 维的向量, m 为期望信号数. 可利用拉格朗日(Lagrange)多项式求解得到多波束天线的最优权:

$$W_{opt} = R^{-1}D(D^H R^{-1}D)^{-1}b \tag{6.6-16}$$

经训练学习后的智能天线,将获得的最优权存储起来,当由预处理部分取得数据后,将自适应地调出相应的最优权,也即产生波束赋形. 因此避免了上行链路的 DOA 估计,减少了计算量.

6.2.2 仿真结果

我们采用最小二乘法学习加权,训练角度范围在 $[0°,180°]$ 内,以 $1°$ 角度的间隔,产生输入输出对 (F, W_{opt}),仿真采用元距离 $d=\lambda/2$(λ 为空气中波长)的 8 元均匀线阵天线,假设有两个期望信号,方向分别为 $-60°$ 和 $0°$,信噪比均为 10 dB;三个干扰信号,方向分别是 $-40°$、$30°$、$45°$,信噪比均为 20 dB. 图 6.6.2 所示实线为仿真得出 500 个快拍后的阵输出方向图,显然,在两期望信号方向具有强的增益,在三个干扰方向上产生零陷. 图中也给出了维纳解析解,神经网络方法与它吻合得相当好.

图 6.2.2 中又给出采用四阶累积量法的处理,结果其增益与抑制效果几乎相同,却未能较好能逼近维纳解,特别是在宽角部分有稍大偏差. 由此反映了神经网络法具有较强的逼近能力. 图 6.2.3 所示是本文方法与四阶累积量算法的信噪干比的情况,近 100 个快拍后,采用的神经网络法能够接近信噪干比最优情况,而四阶累积量方案则需近 1 000 个快拍.

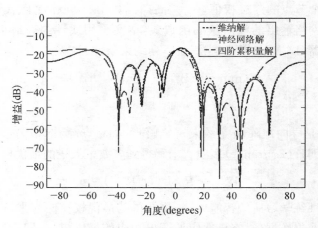

图 6.2.2　500 个快拍后的波束形成图

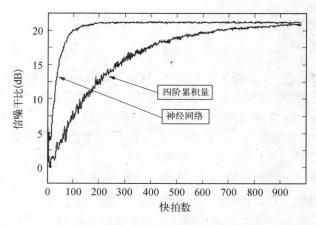

图 6.2.3　两种方法的信噪干比

6.3　在线学习的神经网络波束形成器

RBF 网络的权向量可分层独立训练,从而具有泛化能力较强、训练速度快的优点. 然而 RBF 网泛化能力的高低取决于其隐层节点的个数及其核函数中心和宽度,传统的 RBF 网利用 k-均值聚类算法确定核函数的中心向量和宽度,而基于 k-均值聚类算法的 RBF 网络难于确定网络隐节点的个数;同时 k-均值算法是一种局部搜索技术,难以对复杂的样本作出较好的分类;且对样本的输入顺序十分敏感,前面的样本容易被后继样本所掩盖,产生类间混叠现象. 因此在处理噪声这类复杂非平稳信号时,RBF 网的泛化能力受到了限制;此外,传统的 RBF 网一旦离线训练结束后,其隐节点数目和权重便不再改变,因此不具有在线学习的能力. 近年来,以遗传算法、进化策略、进化规划为代表的进化计算[123]作为一种新颖的模拟生物进化原理的全局搜索算法,吸引了不同领域人们的广泛注意,利用进化计算优化设计和训练神经网络是提高神经网络性能的有力手段[124]. 文献[125]提出了一种结构可变的径向基函数网络,对被动声纳目标信号进行识别的研究,获得了较优的网络性能. 我们提出采用在线学习的方法应用于波束形成[126]. 其设计方案简要如下.

为了方便起见我们选用 MVDR(minimum variance distortionless response)波束形成器,其权的表达式为:

$$w^{\mathrm{opt}} = \frac{R^{-1}D}{D^{\mathrm{H}}R^{-1}D} \qquad (6.3-1)$$

则网络输出的权为:

$$\hat{W}^{\mathrm{opt}} = \sum_{q=1}^{Q} W_{qM}^{\mathrm{T}} \mathrm{e}^{\frac{|F-c_q|^2}{\sigma_q^2}} \qquad (6.3-2)$$

F 是归一化的输入向量,W_{qM} 是隐层与输出层间的权向量,T 表示转置,Q 是隐层节点数,c_q 是中心向量,σ_q 是第 q 个径向基函数半径. 则该网络的代价函数可表示为:

$$J = \frac{1}{2} \sum_{i=1}^{M} (W_i^{\mathrm{opt}} - \hat{W}_i^{\mathrm{opt}})^2$$

$$= \frac{1}{2} \sum_{i=1}^{M} \left[\boldsymbol{W}_i^{\text{opt}} - \sum_{q=1}^{Q} w_{qi} \exp\left(-\frac{\|p - c_q\|^2}{\sigma_q^2} \right) \right]^2 \quad (6.3-3)$$

6.3.1 网络训练

1. 训练数据产生

将相关阵 $\boldsymbol{R}$ 的上三角部分元素组成一向量,然后产生一系列的输入输出对 $(\boldsymbol{F}(n), \boldsymbol{W}^{\text{opt}}(n))$.

2. 中心选择与删除

当网络训练开始时隐层节点数只有一个,且第一个样本作为其中心向量,当输入第 i 样本,如果满足下列两个条件,新的隐层节点被增加: $C_{r+1} = F_i$:

(1) $$J = \frac{1}{2} \sum_{i=1}^{M} (\boldsymbol{W}_i^{\text{opt}} - \hat{\boldsymbol{W}}_i^{\text{opt}})^2 > \varepsilon$$

$\varepsilon > 0$ 误差阈值. $\quad (6.3-4)$

(2) $$\min \|F_i - C_r\| > \eta,$$

η 冗余度参数. $\quad (6.3-5)$

否则,继续第 $(i+1)$ 个样本,重复这一过程. 当输入第 i 个样本时如果存在:

$$G_k(F_i - C_r)/G_{\max}(F_i - C_r) < \delta \quad (6.3-6)$$

则删除第 k 个隐层节点.

3. 参数修正

采用梯度下降法训练网络的宽度,迭代如下:

$$\frac{\partial J}{\partial \sigma_q} = \frac{1}{2} \frac{\partial}{\partial \sigma_q} \sum_{i=1}^{M} (\boldsymbol{W}_i^{\text{opt}} - \hat{\boldsymbol{W}}_i^{\text{opt}})^2$$

$$= -2 \sum_{i=1}^{M} (\boldsymbol{W}_i^{\text{opt}} - \hat{\boldsymbol{W}}_i) w_{qi} \cdot$$

$$\exp\left[-\frac{\|X - c_q\|^2}{\sigma_q^2} \right] \frac{\|X - c_q\|^2}{\sigma_q^3} \quad (6.3-7)$$

$$\sigma_q(k) = \sigma_q(k-1) + \gamma S_{\sigma_q}(k-1) \qquad (6.3-8)$$

其中 $S_{\sigma_q}(k-1) = -\dfrac{\partial J}{\partial \sigma_q(k-1)}$，$\gamma > 0$ 是步长，并取一个较小的值.

我们采用 RLS 算法训练隐层与输出层间的权，因为该算法具有快速收敛及适度的计算复杂度.

6.3.2　模拟结果

选用等间距($d = \lambda/2$)的四元直线天线阵，为了便于比较该网络的性能，与基于传统的 K-均值训练网络进行比较，且两种方案选用相同的节点数和样本数. 模拟结果如图 6.3.1 和 6.3.2 所示，图6.3.1 表明，在已训练的角度(5°，10°和15°)上，两种方法的网络输出的误差已足够小，达到了预期的精度，但在没有训练的角度上(0°至 4°，6°至 9°和11°至20°之间)，本文提出的算法远远优于基于 K-均值聚类算法训练的网络，表明本文建议的网络有较强的泛化力. 图 6.3.2 表明收敛速度要高于传统的 K-均值聚类算法网络.

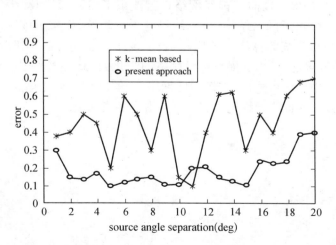

图 6.3.1　网络输出误差(dB)

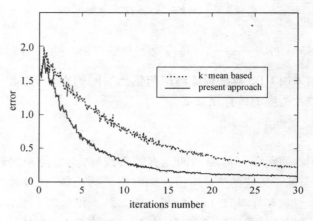

图 6.3.2　迭代次数

6.4　小结

本文提出用径向基神经网络进行波束形成,并采用减少输入量
的方法,优化了网络结构,仿真结果与理论相符,证实了该方法的有
效性.并与传统的算法作了比较,表明该新方法具有运算速度快、逼
近性能好等优点.为了提高神经网络的泛化力,又提出利用在线学习
的方法,用于波束形成,训练后的网络,能够跟踪运动变化的信号.因
此,该方法为智能天线提供了一个有潜力的新手段.

第七章 结束语

随着人们对无线通信容量要求的不断提高,智能天线已成为未来移动通信关键技术的首选,智能天线的核心是算法,在 CDMA 蜂窝移动通信中,采用智能天线已成为可能,但要考虑实时实现和硬件实现问题.本文提出神经网络方法旨在利用其快速收敛及强容错能力,通过这几年在该方向的研究,一致认为神经网络应用于天线阵中有非常大的潜力,但真正完全实时实现还需要做大量的工作,主要表现在:

(1) 如何再进一步提高神经网络的泛化力.

(2) 提高在线学习能力.

(3) 在 OFDMA 条件下,神经网络算法的研究.

(4) 当基站业务量较大时(一般指较大城市),智能天线能否实时运行.

这些工作将是下一步努力的方向.希望与广大天线与通信工作者共同努力,为满足不断增长的社会需求多作贡献.

参 考 文 献

1　Winters J, Salz J, Gitlin R. The impact of antenna diversity on the capacity of wireless communication systems. *IEEE Trans on Communications*, 1994; **42** (234): 1740–1751

2　Godara L. C. Application of antenna arrays to mobile communications, Part 11: Beam-forming and direction of arrival considerations. *Proceedings of the IEEE*, 1997; **85**(8): 1195–1254

3　Colburn J. S. and Rahmat-Samii Y. Evaluation of personal communications dual-antenna handset diversity performance. *IEEE Trans. Vehic. Tech.*, 1998; **47**(3): 737–746

4　Godara L G. Application of antenna arrays to mobile communications [J]. *Part. 1, proceedings of The IEEE*, 1997; **85**(7): 1029–1060

5　Ryuji Kohno. Spatial and temporal communication theory using adaptive antenna array[J]. *IEEE Pers. Commun*, 1998; **5**(1): 28–35

6　Vandenameele P., Van Der Perre L., Engels M. G. E., *et al*. A combined OFDM/SDMA approach. *IEEE J. Select. Areas Commun.*, 2000; **18**(11): 2312–2321

7　Paulraj A, Papadias C. Space-time processing for wireless ommunications [J]. *IEEE Signal Processing Mag*, 1997; **14**(6): 49–83

8　Sutherland I. E., *et al*. Experimental evaluation of smart antenna system performance for wireless communications.

IEEE Transactions on Antennas and Propagation，1998；**46**(6)：794 - 757

9　Viterbi A. J. The orthogonal-random waveform dichotomy for digital mobile communication. *IEEE Pers. Commun*，1994；**1**(1)：18 - 24

10　Ahmed M. H.，Mahmoud S. A. Soft capacity analysis of TDMA systems with slow-frequency hopping and multiple-beam smart antennas. *Vehicular Technology*，*IEEE Transactions on*，2002；**51**(4)：636 - 647

11　Lee W.，Pickholtz R. L. Constant modulus algorithm for blind multiuser detection. *IEEE 4th international symposium on spectrum techniques and applications proceedings*，1996；**3**(22 - 25)：1262 - 1266

12　Tsoulos G.，Beach M.，McGeehan J. Wireless personal communications for the 21st century：European Technological Advances in Adaptive Antennas. *IEEE Communication Magazine*，1997；**35**(9)：102 - 109

13　Stoica P and Nehorai A. MUSIC，maximum likelihood and cramer-raobound［J］. *IEEE Trans.* ASSP，1989；**37**(5)：720 - 741

14　薛波,颜彪等. TD - SCDMA 的系统结构及关键技术. 现代电子技术，2003；**14**(157)：11 - 14

15　Winters J. H. Smart antennas for wireless systems. *IEEE Personal Communications*，1998；**5**(1)：23 - 27

16　钟顺时. 微带天线理论与应用. 西安：西安电子科技大学出版社，1991：177

17　Liberti J. C.，Rappaport T. S. Smart Antennas for Wireless Communications：IS - 95 and Third-Generation CDMA Applications［M］. Prentice Hall，NJ，1999：59 - 86

18 Paulraj A. J. Space-time processing for wireless communications. *IEEE Acoustics*, *Speech*, *and Signal Processing*, *International Conference on*, 1997; **1** (21 - 24): 1 - 4

19 张贤达, 保铮. 通信信号处理. 北京: 国防工业出版社[M] 2000: 326 - 330

20 Paulraj A. J., Gesbert D., Papadias C. Encyclopedia for Electrical Engineering[M]. Chapter Smart Antennas for Mobile Communications. John Wiley Publishing Co., 2000.

21 张九龙, 酆广增. CDMA 移动通信系统中的多址干扰及抑制技术. 天津通信技术. 2003; **2** (2): 27 - 30

22 Gilhousen KS, *et al*. On the capacity of cellular CDMA system [J]. *IEEE Tras*, *Vehicular Tech*, 1991; **40**(2): 302 - 312

23 Proakis JG. Digital Communications [M]. Third edition. McGrawHill Inc, New York, USA, 1995

24 Zekavat, S. A., Nassar C. R. Achieving high-capacity wireless by merging multicarrier CDMA systems and oscillating-beam smart antenna arrays. *Vehicular Technology*, *IEEE Transactions on*, 2003; **52**(4): 772 - 778

25 Seungwon Choi, Donghee Shim. A novel adaptive beamforming algorithm for a smart antenna system in a CDMA mobile communication environment. *Vehicular Technology*, *IEEE Transactions on*, 2000; **49**(5): 1793 - 1806

26 Thompson J. S., Grant P. M., Mulgrew B. Smart antenna arrays for CDMA systems. *IEEE Personal Communications*, 1996; **3** (5): 16 - 25

27 Seungwon Choi, Donghee Shim, Sarkar T. K. A comparison of tracking-beam arrays and switching-beam arrays operating in a CDMA mobile communication channel. *IEEE*, *Antennas and Propagation Magazine*, 1999; **41**(6): 10 - 56

28　Xu B.，Vu T. B. Space-time interference suppression in DS/CDMA networks. *Electronics Letters*，1999；**35**(7)：544 - 545

29　张蓓,李学武等. 应用于 CDMA 系统的智能天线的波束形成技术. 电子科技，2003；(15)：43 - 45

30　Liu Hui. Signal Processing Application in CDMA Communications[M]. Artech House，Inc. 2000

31　Chen Yung-Fang，*et al*. Blind RLS based space-time adaptive 2D - RAKE receivers for DS - CDMA communication systems[J]. *Signal Processing*，*IEEE Transactions on*，2000；**48**(7)：2145 - 2150

32　Jinho Choi. Pilot channel-aided techniques to compute the beamforming vector for CDMA systems with antenna array[J]. *Vehicular Technology*，*IEEE Transactions on*，2000；**49**(5)：1760 - 1775

33　傅永生,沈连丰. CDMA 中一种新的波束形成算法. 应用科学学报，2003；**21**(4)：344 - 348

34　Naguib A F. Adaptive antennas for CDMA wireless network[D]. Stanford Unv.，1996

35　雷万明,黄顺吉. CDMA 中小扩频增益下波束形成[J]. 电波科学报，2001；**16**(2)：168 - 171

36　李国通,仇佩亮等. FDD - CDMA 的下行链路的波束形成. 电子学报，1999；**27**(12)：76 - 79

37　颜永庆,高西奇等. 阵列天线波束形成技术在宽带 CDMA 下行链路中的应用. 电路与系统学报，2003；**8**(3)：98 - 103

38　Czylwik，A. Downlink beamforming for mobile radio systems with frequency division duplex；Personal，Indoor and Mobile Radio Communications. 2000. *PIMRC 2000*. *The 11th IEEE International Symposium on*，2000；**1**(18 - 21)：72 - 76

39　李国通,陈文正等. 基于 DOA 估计的 CDMA 智能天线系统. 浙

江大学学报,2001;**35**(4):380-383

40 许志勇,保铮等. 一种非均匀邻接子阵结构及其部分自适应处理性能分析. 电子学报,1997;**25**(9):20-24

41 Fiori S. Blind signal processing by the adaptive activation function neurons [J]. *Neural Networks*,2000;**13**(6):579-611

42 Yong Up Lee,Jinho Choi,Iickho Song. Distributed source modeling and direction of arrival estimation techniques[J]. *IEEE Transactions Antennas and Propagation*,1997;**45**(4):960-969

43 Yuh-Shane Hwu,Srinath M.D. A neural network approach to design of smart antennas for wireless communication systems. *Signals,Systems & Computers*,1997. *Conference Record of the Thirty-First Asilomar Conference on*,1997;**1**(2-5):145-148

44 Badidi L.,Radouane L. A neural network approach for DOA estimation and tracking. *Statistical Signal and Array Processing*,2000. *Proceedings of the Tenth IEEE Workshop on*,2000;14-16:434-438

45 黄继红,鲁宏伟. 机动多目标跟踪神经网络方法. 计算机与数字工程,2003;**31**(4):15-19

46 王强,曹仲冬等. 一种新型 RBF 神经网络及其在舰船雷达目标识别中的应用. 现代电子技术,2003;**6**(149):95-98

47 陈长征,王华力等. 基于神经网络的多波束天线自适应调零. 通信学报,2002;**23**(4):29-32

48 Tank D W,Hopfield J J. Simple "neural" optimization networks:an A/D converter,signal decision circuit and a linear programming circuit. *IEEE Trans on CAS*,1986;**33**(5):533-541

49 He Z. , Chen Y. Robust blind beamforming using neural network. *Radar*, *Sonar and Navigation*, *IEEE Proceedings*, 2000；**147**(1)：41－46

50 何振亚,陈宇欣. 用 Hopfieild 网络实现盲波束形成. 通信学报, 1999；**20**(12)：86－91

51 Homer J, Mareels I, Bitmead R, *et al*. LMS estimation of sparsely parametrized channels via structural detection [J]. *IEEE Transactions on Signal Processing*, 1988；**46** (10)：2651－2663

52 Solo V. The error variance of LMS with time-varying weights[J]. *IEEE Transaction on Signal Processing*, 1992；**40** (4)：808－813

53 Dilsavor, Dilsavor R. S. , Gupta I. J. An experimental SMI adaptive antenna array simulator for weak interfering signals. *Antennas and Propagation*, *IEEE Transactions on*, 1991；**39**(2)：236－243

54 Haykin S. Adaptive Filter Theory[M]. Prentice Hall, New Jersey, 1991

55 Reed I S, Mallett J D, Brennan L E. Rapid comvergence rate in adaptive arrays[J]. *IEEE Tran Aerosp Electran Syst*, 1974；AES－**10**(6)：853－826

56 John R Treichler, Brian G Agee. A new approach to multipath correction of constant modulus signal[J]. *IEEE Trans Acoustic Speech*, *Signal Processing*, ASSP, 1983；**31**(2)：459－471

57 Larimore M. G. Treichler J. R. Convergence behavior of the constant modulus algorithm. *IEEE. Int.Conf. on ICASSP* 83. *Acoust.* , *Speech*, *and Signal Processing*, Boston, MA, 1983；**8**(3)：13－16

58 冯正和,张志军. 不采用自适应算法的智能天线系统[J]. 电子学

报，1999；**27**(12)：1 - 3

59 Ohgane T. , Shimura T. , Matsuzawa N. Andsasaoka H. An implement of a CMA adaptive array for high speed GMSK transmission in modible communications ［J］. *Trans. On Vehicular Technology*，1993；**42**(3)：282 - 288

60 欧阳喜,葛临东. 一种新的基于 CAM 算法的递归步长盲均衡算法[J]. 信息工程学院学报，1999；**18**(1)：44 - 46

61 樊龙飞,何晓薇,查光明. 一种混合型盲估计算法[J]. 电子科学技术大学学报，1998；**27**(6)：573 - 577

62 Van Der A. J, Paulraj A. An analytical constant modulus algorithm[J]. *IEEE Trans on Signal Processing*，1997；**45**(1)：137 - 147

63 Nishimori K. , Kikuma N. , Inagaki N. The differencial CAM adaptive array antenna using an eigen-beamspace system[J]. *IEICE Trans. Commun*，1995；**E78 - B**(11)：1480 - 1488

64 Rhee M. CDMA Cellular mobile communications and network security[M]. Prentice-Hall 1998

65 Ulukus S, Yates R D. A blind adaptive decorrelating detector for CDMA systems[J]. *IEEE Journal on Selected Areas in Communications*，1998；**16**(8)：1530 - 1541

66 Soni R A, Buehrer R M, Benning R D. Intelligent antenna system for cdma 2000[C]. *IEEE Signal Processing Magazine*，2002；**19**(4)：54 - 67

67 Schmidt R D. A signal subspace approach to multiple emitter Location and spectral estimation[D]. Stanford Unv，1981

68 王大庆. CDMA 中智能天线的接收准则及自适应算法研究[J]. 通信学报，1998；**19**(6)：31 - 39

69 Choi S. , Choi J, Im H J, *et al*. A novel adaptive beamforming algorithm for antenna array CDMA systems with strong

interferers[J]. *IEEE Trans. Veh. Technol.*, 2002; **51**(5): 808 – 816

70 Naguib A F. Adaptive antennas for CDMA wireless network[D]. Stanford Unv., 1996

71 杨坚,奚宏生等. CDMA 系统智能天线盲自适应波束形成[J]. 电波科学报,2004; **19**(1): 77 – 82

72 Zvonar Z. Multiuser detection in single-path fading channels[J]. *IEEE Trans. Commun.* 1994; **42**(2/3/4): 1729 – 1739

73 Madow U., Honing M. L. MMSE interference suppression for direct sequence spread-spectrum CDMA [J]. *IEEE Trans. Commun.* 1994; **42**(12): 3178 – 3188

74 Honig M. L., Madow U., Verdu S. Blind adaptive multiuser detection [J]. *IEEE Trans. Info. Theory.* 1995; **41**(4): 944 – 960

75 Verdu S. Minimum probability of error for asynchronous Gaussian multiple access channels [J]. *IEEE Trans. Info. Theory.* Jan. 1986; IT – **32**(1): 85 – 96

76 Ma J. and Ge H. Modified multi-rate detection for frequency selective rayleigh fading CDMA channels[A]. *Proc.* of *IEEE Globecom'*98[C], 1998

77 Zander J. Performance of optimum transmitter power control in cellur radio systems [J]. *IEEE Trans. Veh. Technol.*, 1992; **2**(41): 57 – 62

78 Catrein D., Imhof L. A., Mathar R. Power control, capacity, and duality of uplink and downlink in cellular CDMA systems. *Communications, IEEE Transactions on.* 2004; **52**(10): 1777 – 1785

79 Ulukus S. Power Control, multiuser detection and interference

avoidance in CDMA systems［D］. PH. D dissertation，New Brunswick Rutgers，New Jersey，1998，10

80 Tse D. ，Hanly S. Effective bandwidths in wireless networks with multiuser receivers［A］. *Proc. of IEEE Infocom '98*［C］,1998

81 Rintamaki M. ，Koivo H. ，Hartimo I. Adaptive closed-loop power control algorithms for CDMA cellular communication systems. *Vehicular Technology*，*IEEE Transactions on*，2004；**53**(6)：1756 – 1768

82 Madhow U. ，M. L. MMSE interference suppression for direct sequence spread spectrum CDMA. *IEEE Tran. on Comm.*，1994；**42**(12)：3178 – 3188

83 韦惠民,王君等. MMSE 自适应检测器的 CDMA 系统性能分析. 工矿自动化，2002；(2)：19 – 21

84 Keller T，Hanzo L. Adaptive modulation techniques for duplex OFDM transmission［J］. *IEEE Trans Veh Technol*，2000；**49**(5)：1893 – 1906

85 Mudulodu S，Paulraj A. A transmit diversity scheme for frequency selective fading channels［A］. *Proc IEEE Globecom*［C］. San Francisco，USA，2000：1089 – 1093

86 Lee K F，Williams D B. A space-time coded transmit diversity technique for frequency selective fading channels［A］. *Proc IEEE Sensor Array and Multichannel Signal Processing Workshop*［C］，2000：149 – 152

87 纪红,郝建军等. OFDM 系统中动态比特分配算法的性能分析. 北京邮电大学学报，2002；**25**(4)：11 – 15

88 Schmidt R O. Multiple emitter location and signal parameter estimation［J］. *IEEE Trans. Antennas Propagat.* 1986；AP – **34**(3)：276 – 280

89 Roy R. A. Paulraj, Kailath T. ESPRIT-A subspace rotation approach to estimation of parameters of cissoids in noise[J]. *IEEE Trans*. ASSP, 1986; **34**(5): 1340 - 1342

90 Hassan M. Elkamchouchi. Space Fitting the Uncorrelated Interference Patterns in Constrained Adaptive Antenna Arrays using Neural Networks. *Eighteenth National Radio Science Conference*, 2001; **1**(27 - 29): 105 - 111

91 Rappaport T. S. Smart Antennas: Adaptive Arrays, Algorithms, and Wireless Position Location: Selected Readings, *IEEE Press*, 1998

92 Reed J. H. , Krizman K. J. , Woerner B. D. , *et al*. S. An Overview of the Challenges and Progress in Meeting the E - 911 Requirement for Location Service. *IEEE Personal Comm. Magazine*, 1998; **5**(3): 30 - 37

93 Schmidt R. O. Multiple emitter location and signal parameter estimation. *Proc. of RADC spectrum estimation workshop*, Griffiss AFB, NY, 1979: 243 - 258

94 Kundu D. Modified MUSIC algorithm for estimating DOA of signals[J]. *Signal Processing*, 1996; (48): 85 - 89

95 Su G. , Morf M. Signal subspace approach for multiple wideband emitter location. *IEEE Trans. Acoust. , Speech, Signal Processing*, 1983; ASSP - **31**(6): 1502 - 1522

96 Wang H. , Kaveh M. Coherent signal-subspace processing for the detection and estimation of angles of arrival of multiple wide-band sources. *IEEE Trans. Acoust. , Speech, Signal processing*, 1985; ASSP - **33**(4): 832 - 831

97 Monika Agrawal, Surendra Prasad. Broadband DOA estimation using Spatial-only modeling of array data. *IEEE Trans. Signal Processing*, 2000; SP - **48**(3): 663 - 670

98　Wax M，Shan T J，Kailath T． Spatio-temporal spectral analysis by eeigenstructure methods． *IEEE Trans on ASSP*，1984；**32**(8)：817 – 827

99　Unnikrishna S，Kwon B H． Forward/Backward spatial smoothing techniques for coherent signal identification． *IEEE Trans on ASSP*，1989；**37**(1)：8 – 5

100　孙绪宝,钟顺时. 基于神经网络智能天线的一种波达方向估计方法. 上海大学学报,2004;**10**(2)：119 – 121

101　Hopfield J． J Neurons with graded response have collective computational properties like those of two-state neurons． *Proc. Nat. Acad. Sci.* USA，1984；81：3088 – 3092

102　Shun-Ichi Amari，Andrzej Cichoki． Adaptive Blind Signal Processing-Neural Network Approaches． *Proceedings of the IEEE*，1998；**86**(10)：2026 – 2048

103　张子瑜,使习智,陈进. 基于径向基神经网络的非线性自适应除噪. 上海交通大学学报，1998；**32**(7)：63 – 65

104　吴梅,杨华东等. 非线性系统的神经网络自适应滤波器. 计算机仿真,2003；**20**(3)：63 – 64

105　李春光,廖晓峰等. 基于径向基函数神经网络的 CDMA 多用户检测方法. 信号处理,2000；**16**(3)：206 – 210

106　唐普英,何桂清. 一种实现最佳多用户检测的非线性优化神经网络,信号处理,1996；**12**(4)：289 – 296

107　Hugh L． Southall，Jeffrey A． Simmers，and Teresa H. O'Donnell． Direction finding in phased arrays with a neural network beamformer[J]． *IEEE Transactions Antennas and Propagation*，1995；**43**(12)：1369 – 1374

108　李荣峰,秦江敏等. 一种基于神经网络的天线阵自适应算法. 空军雷达学院学报，2001；**15**(2)：7 – 10

109　Paulraj A． J．，Papadias C． B． Space-time processing for wireless communications. *IEEE Signal Processing Magazine*, 1997; **14**(6): 49 - 83

110 Jutten C, Herault J. Blind separation of sources（part Ⅰ）: Anadaptive algorithm based on neuromimetric architecture[J]. *Signal Processing*, 1991; **24**(1): 1 - 10

111 Jutten C., Herault J. Blind separation of sources, Part Ⅰ: An adaptive algorithm based on neuromimetic architecture. *Signal Processing*, 1991; **24**: 1 - 20

112 何振亚. 盲信号处理与盲信源分离. 国际学术动态, 1998; (9): 24 - 29

113 Karhunen J., Liuyue Wang. Nonlinear PCA type approaches for source separation and independent component analysis. *Neural Networks*, 1995. *Proceedings.*, *IEEE International Conference on*, 1995; **2**（27）: 95 - 1000

114 Oja E. The nonlinear PCA learning rule and signal separation — Mathematical analysis. *Helsinki Univ. Technol.*, Rep. A26, Aug. 1995

115 Oja E., Karhunen J., Wang L., *et al*. Principal and independent components in neural networks — Recent developments. *In Proc. VII Italian Wkshp. Neural Nets WIRN'95*, May, 1995; 18 - 20, Vietri sul Mare, Italy

116 Comon P. Independent component analysis — A new concept[J]. *Signal Processing*, 1994; **36**(3): 287 - 314

117 吴小培, 冯焕清等. 独立分量分析及其在脑电信号预处理中的应用. 北京生物医学工程, 2001; **20**(1): 35 - 46

118 Principe J. C., Hsiao-Chun Wu. Blind separation of convolutive mixtures. *Neural Networks*, 1999. IJCNN'99. *International Joint Conference on*, 1999; **2**（10 - 16）July: 1054 - 1058

119　张明建,韦岗. 一种信号源盲分离的神经网络算法. 信号处理,
　　　2003；**19**(2)：149－152

120　孙绪宝,钟顺时. 基于神经网络的盲波束形成. 电波科学学报,
　　　2004；**19**(2)：237－239

121　Powell M JD. Radial basis functions for multivieariate
　　　interpolation：a review in algorithms for the approximation of
　　　functions and data[M]. Mason J C, Cox M G eds. Oxford：
　　　Clarendon Press，1987

122　王洪斌,杨香兰等. 一种改进的 RBF 神经网络学习算法. 系统
　　　工程与电子技术，2002；**24**(6)：103－105

123　Fogel D. B. , Fogel L. J. Evolutionary Computation. *IEEE
　　　Trans. On Neural Networks*，1994；**5**(1)：1－2

124　宋爱国,陆佶人. 演化算法和演化神经网络的研究进展. 系统
　　　仿真学报，1998；**10**(1)：14－19

125　宋爱国. 一种在线学习的变结构径向基函数网络及其在被动声
　　　纳目标识别中的应用. 电子学报，1999；**27**(10)：6－69

126　Sun X.-B. , Zhong S.-S. An adaptive beamforming approach
　　　using online learning neural network. *IEEE Antennas and
　　　Propogation Society International Symposium*，2004；June
　　　20－25(3)：2663－2666

致　　谢

　　本论文是在钟顺时教授的指导下完成的. 在这三年的学习生涯中,钟老师为我付出了大量的心血,他以其严谨的治学态度、献身科学的崇高精神和谦虚坦诚的高尚品德是我心中的楷模. 钟老师不仅在学业上传授我丰富的知识,更重要的是注重培养我的科研能力和学术道德,让我明白许多做人的道理. 为此向钟老师致以我最深厚的敬意和衷心的感谢,同时也要衷心感谢师母在学习和生活上对我的关心和照顾.

　　感谢微波教研室徐得名教授、王子华教授、徐长龙研究员、杨雪霞副教授、倪维立副教授,在我学习过程中给予的有益的讨论和指导,感谢学院、系及研究生部的各位领导和老师,在我学习期间给我的关怀和帮助.

　　感谢和我一起生活和学习的博士生:徐君书、姚凤薇、汪伟、梁仙灵、张需溥,硕士生:陈俊昌、墨晶岩、彭祥飞、张文海、余剑平、陈晓梅等同学给我学习上的帮助和关心,在这虽不能一一列举,但他们点滴帮助,我也铭记心中.

　　最后,谨将这篇论文献给我的爱人和女儿,感谢她们给我的默默支持和关爱. 感谢哥哥嫂子给我经济上的支持和援助,他们的支持和关怀给予了我永不停止的动力.

　　我将以这篇论文为新的起点,在未来的日子里我将更加努力,为祖国建设多做贡献.